Sandra Tissot

Hochsensibilität und die berufliche Selbstständigkeit

dielus
dielus edition

Sandra Tissot

Hochsensibilität und die berufliche Selbstständigkeit

Wie sich ein Sensibelchen selbstständig machte und seine Lösung für das hochsensible Berufsleben fand

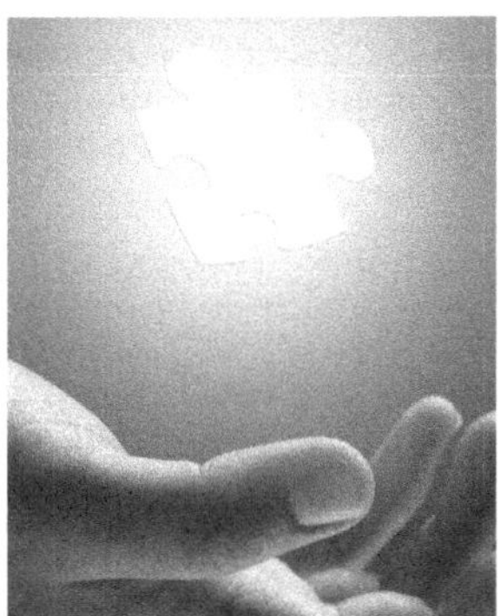

Hochsensibilität und die berufliche Selbstständigkeit, Sandra Tissot

Dieses Buch wird durch einen inhabergeführten sowie unabhängigen Kleinverlag herausgegeben. Es wird versichert, dass keine Beteiligungen durch internationale Investorengruppen, Großverlage oder sonstige Konzerne bestehen. Der Inhalt dieses Ratgebers folgt ausschließlich freigeistigen und fachlich orientierten Gesichtspunkten.

Umschlaggestaltung: dielus
Umschlagabbildung: ©iStock.com/Yuri_Arcurs
Printed in Germany

ISBN 978-3-9817975-6-5

Bibliografische Information der Deutschen Bibliothek: Die Deutsche Bibliothek verzeichnet diese Publikation in der Deutschen Nationalbibliografie; detaillierte bibliografische Daten sind im Internet abrufbar über https://portal.d-nb.de.

Inhaltsverzeichnis

Vorwort

Vielleicht kennen Sie die quälenden Gedanken rund um die Sinnhaftigkeit des Berufslebens. Ich habe mir einige Jahre immer wieder die gleiche Frage gestellt:

„Wie schaffe ich es, dass mich mein Job mit echter Lebensfreude erfüllt?"

Ich verrate Ihnen gleich hier am Anfang des Buches, dass ich die Antwort auf diese Frage gefunden habe. Allerdings möchte ich Sie vorwarnen, denn ich habe die Lösung für MICH gefunden und bin der festen Überzeugung, dass jeder seinen eigenen Weg entdecken und Schritt für Schritt gehen muss. Es handelt sich also bei diesem Buch keineswegs um ein Patentrezept. Vielmehr möchte ich Sie gern mitnehmen auf meinem Weg als Sensibelchen in die Selbstständigkeit und Ihnen davon erzählen, wie ich darin mein volles berufliches Potenzial entfalten konnte.

Sie wurden vielleicht in Ihrer Kindheit, Jugend oder sogar als Erwachsener schon des Öfteren als „Sensibelchen" betitelt? Dann ist Ihnen wahrscheinlich bereits vertraut, was Ihr Umfeld damit zum Ausdruck bringen wollte. Seit meiner frühsten Kindheit wurde ich immer wieder als Sensibelchen bezeichnet. Wie oft habe ich mich darüber geärgert, weil ich doch viel lieber richtig stark sein wollte. Immer dann, wenn ich besonders schüchtern war, stärkere Außenreize mich schnell überfordert haben oder ich meinem ausgeprägten Bedürfnis nach Ruhe und Schlaf nachgegangen bin, hieß es schnell: „Ach, unser kleines Sensibelchen …" oder „reagiere doch nicht gleich so sensibel …"

Von dem Begriff der „Hochsensibilität" oder „HSP" (Highly Sensitive Person) habe ich erst viel später gehört. Aus diesem Grund spreche ich zunächst vom umgangssprachlichen „Sensibelchen". Beim Lesen meines Buches werden Sie eine Vielzahl von Facetten einer hochsensiblen Persönlichkeit entdecken und mit hoher Wahrscheinlichkeit auch sich selbst wiedererkennen.

Mir war sehr zeitig bewusst, dass ich besonders feine Antennen habe und über eine ausgeprägte Intuition verfüge. Diese macht es mir möglich, oft bereits beim Betreten eines Raumes die Stimmung der anwesenden Personen wahrzunehmen, ohne auch nur ein einziges Wort mit ihnen gewechselt zu haben. Solche Situationen haben es mir von der Schulzeit an bis in mein Berufsleben oft schwer gemacht und häufig den Wunsch nach „Flucht" geweckt.

In meinem Berufsalltag habe ich immer wieder unzählige innere Kämpfe ausgefochten, weil meine hochsensiblen Bedürfnisse so gar nicht in die heutige Berufswelt passen wollten. Lange Zeit habe ich an mir selbst gezweifelt und wusste nicht, warum ich mich nie wirklich von meinem Job erfüllt fühlte.

Ich möchte Ihnen mit meinem Buch gerne Mut machen. Mut, die quälenden Fragen zuzulassen und systematisch für sich selbst die Antworten zu finden. Heute werde ich immer wieder von den unterschiedlichsten Menschen aus meinem

Arbeits- und Privatumfeld gefragt, ob ich keine Angst hatte, mich selbstständig zu machen, oder ob mir die Sicherheit des Angestelltenverhältnisses nicht fehlt. Ebenso häufig kommen die Fragen danach auf, an welchem Punkt ich für mich die Entscheidung getroffen habe, die Fesseln der festen Anstellung abzulegen, und ob ich den Schritt irgendwann bereut habe. In diesem Buch beantworte ich alle diese Fragen.

Ich bin überzeugt davon, dass Sie das Buch gerade nicht zufällig in den Händen halten. Vielmehr haben Sie sich wahrscheinlich längst auf den Weg gemacht. Vielleicht sogar bewusst oder unbewusst bereits die ersten Schritte in Richtung Selbstständigkeit getan oder Sie sind bereits selbstständig und haben ganz ähnliche Erfahrungen gesammelt …

Ihre
Sandra Tissot

1 Die unerträgliche Sinnlosigkeit

„Arbeit um der Arbeit willen ist gegen die menschliche Natur."

(John Locke)

Haben Sie sich schon einmal gefragt, warum alle Berufsausbildungen oder Studiengänge uns gezielt in ein Angestelltenverhältnis führen, obwohl die aktuelle Marktsituation längst nicht mehr nach altbekannten Mechanismen funktioniert? Gut ausgebildete Nachwuchskräfte drängen auf den Markt und haben aufgrund ihrer Ausbildung oft verzerrte Vorstellungen von einem erfüllenden Job (vgl. Rohlfs, Harring, Palentien 2013), der ihnen neben anspruchsvollen Aufgaben ein stetig wachsendes Gehalt, Komfort und Sicherheit bieten soll. Selbstverständlich gepaart mit dem Wunsch, die „Karriereleiter" systematisch nach oben zu klettern und die notwendige Anerkennung sowie den Ruhm für die getane Arbeit ernten zu können.

Die Realität der Arbeitnehmerwelt sieht leider oft trist aus.

Unternehmen sind immer mehr von flachen Hierarchien geprägt, die eine herkömmliche Karriere fast unmöglich machen (vgl. Lehner, Ötsch 2015). Tagein, tagaus folgt eine breite Masse den vorgeschriebenen Regeln der Arbeit ohne greifbares Ziel, um der Arbeit willen. Das Arbeitnehmerleben dominiert unser gesamtes Dasein. Alle Menschen fahren nahezu zur gleichen Zeit auf Arbeit, stehen in der Rushhour oder im Reiseverkehr der alljährlich lang ersehnten Urlaubszeit im Stau …

Seit Jahren hält sich darüber hinaus der Mythos der „Karriere-Mutter“, die höchst erfolgreich im Job ist und zugleich auch noch jede Menge Zeit für ihre Kinder hat. Leider ist in der Praxis oft beides nicht möglich, ohne dass an irgendeiner Stelle Abstriche gemacht werden müssen. Bitte verstehen Sie mich nicht falsch. Ich habe bereits in meiner Jugend immer die Frauen bewundert, die mit beiden Beinen im Leben stehen und ihren Unterhalt erfolgreich selbst verdienen können. Sie hatten für mich immer eine Vorbildfunktion. Über die Jahre hinweg habe ich allerdings wiederholt junge Frauen dabei beobachtet, wie sie verzweifelt versucht haben, während der Elternzeit bereits wieder den Einstieg in den Job zu finden, um den Anschluss nicht zu verlieren. Auch habe ich dabei erlebt, wie die Zeit für die Kleinsten aufgrund vorgeschriebener Arbeitszeiten oder Überstunden oft knapp wurde.

Ich bin selbst Mutter einer kleinen Tochter und weiß, wie schwer es ist, Arbeit und Familie unter einen Hut zu bringen. Nicht unter den gesellschaftlich anerkannten Hut der „Karriere-Mutter“, sondern unter den ganz persönlichen Prämissen. Denn jede Mutter und jeder Vater kennt das ziehende Gefühl in der Magengrube, wenn das Kind fragt: „Warum musst du denn immer so lange arbeiten?“ Oder wie meine Tochter gern zu sagen pflegt: „Mama, kannst du heute bitte husch husch machen und schneller arbeiten, das dauert immer so lange im Kindergarten."

Wir tun die kindlichen Fragen allzu oft mit einer Handbewegung oder einem müden Lächeln ab.

Was bleibt, ist ein leeres Gefühl und die unbeantwortete Frage nach der Sinnhaftigkeit.

Und so vergehen die Jahre in einem gleichbleibenden alltäglichen Rhythmus …

Ziele und Träume werden auf eine unbestimmte Zukunft verschoben, in der dann sicher alles besser ist und leichter von der Hand geht … Wenn die erste finanzielle Absicherung erfolgt ist … wenn die Kinder älter sind … wenn die Kinder aus dem Haus sind …

Viele Menschen bewegen sich in dieser vorgezeichneten Tretmühle, bis sie mit Anfang oder Mitte 50 in ein tiefes Loch fallen. Plötzlich scheinen sie den Ansprüchen der Arbeitgeber nicht mehr zu genügen, werden aus dem Job gemobbt, weil sie für das Unternehmen viel zu teuer werden und der motivierte, um viele Jahre jüngere Nachwuchs für den Aufstieg bereit ist, beträchtliche finanzielle Abstriche zu machen. Der gewohnte Lebensstandard lässt sich nicht mehr halten, und es ergibt sich für viele eine verzweifelte Situation. Die Kräfte lassen nach, Stresssituationen fühlen sich deutlich anstrengender an, und systematisch wirft das Leben tiefschürfende Sinnfragen auf. Doch was lässt uns in dieser Arbeitstretmühle verharren?

Gibt uns das Angestelltendasein wirklich die erhoffte Sicherheit, Eigenverantwortung, Unabhängigkeit und letztendlich die Möglichkeit zur Selbstverwirklichung?

Davon bin ich jahrelang ausgegangen und habe immer wieder bemerkt, dass das, was ich mir als „Sensibelchen" gewünscht hätte, nur schwer oder überhaupt nicht erfüllt wurde. Direkt nach meinem Studium stieg ich hochmotiviert und mit vollkommen überzogenen Vorstellungen in das Berufsleben und somit in das berüchtigte Hamsterrad der Arbeitswelt ein.

1.1 Suggerierte Sicherheit

Seltsamerweise gab mir nur das monotone Tropfen der Kaffeemaschine jeden Morgen das Gefühl der Sicherheit. Ein kurzer Moment der Ruhe inmitten einer unsteten Arbeitswelt, in der ich mich nie zugehörig fühlte. Seit ein paar Monaten hatte ich nun diesen Job als „Marketingleiterin". Allein dieser Titel spottete jeder Beschreibung.

Nach meinem Abschluss zur Diplom-Kauffrau war ich nun erfolgreiches „Mädchen für alles" inmitten eines von Männern dominierten Softwareunternehmens. Dabei hatte ich während des Studiums noch große Pläne und träumte von einer steilen Karriere in einer Werbeagentur. Nach einigen erfolglosen Versuchen in der „Generation Praktikum" (diese Definition gibt es leider wirklich und bezeichnet junge

Akademiker, die potenzielle Lücken im Lebenslauf mit diversen Praktikantenstellen überbrücken, obwohl sie eigentlich auf der Suche nach einer Festanstellung sind), an einen geeigneten Posten zu kommen, entschied ich mich für einen bodenständigen Job in der Softwarebranche. Ab sofort war ich auf der Visitenkarte die Marketingleiterin und beschäftigte mich täglich von 8 – 17 Uhr mit der Angebotserstellung, der Abwicklung sämtlicher eingehender Telefonate und den Befindlichkeiten meiner Kollegen. Kurzum mit allen Tätigkeiten, die eine gute Sekretärin sicher deutlich besser bewältigt hätte. Einschließlich des Kaffeekochens natürlich, den wenigen Minuten am Tag, die mir in dieser Zeit Ruhe und Sicherheit gaben. An dieser Kaffeemaschine reifte jeden Morgen auch ein wenig mehr die Erkenntnis …

Am Zustand der Unzufriedenheit muss sich etwas ändern.

Mit meiner ausgeprägten Intuition bemerkte ich recht schnell, dass die suggerierte Sicherheit nur in meiner Fantasie existierte. Immer wieder bewusst machte mir das ausgerechnet mein Chef. Er war nicht nur höchst cholerisch, er erinnerte mich auch bereits in den ersten Wochen meiner Tätigkeit wiederholt daran, wie beliebig austauschbar die Menschen am Arbeitsplatz sind und dass er unbequeme Mitarbeiter scheinbar willkürlich von heute auf morgen ihres Arbeitsplatzes berauben und ihnen damit jegliche finanzielle Sicherheit nehmen konnte.

Generell verbreitete er gern ein Gefühl der allgemeinen Verunsicherung und äußerte allzu oft seine Zweifel an der Zulänglichkeit seiner Mitarbeiter, am liebsten zur Frühstückspause, vorzugsweise vor der versammelten Belegschaft.

Allein der Gedanke an die morgendliche Pause, die für meine Begriffe alles andere als eine Erholungspause war, trieb mir den Schweiß unter den Achseln hervor. So sehr, dass ich es mir bereits in sehr jungen Jahren zur Gewohnheit machte, meine Oberbekleidung danach auszuwählen, wie sie in derartigen Situationen wohl im nassen Zustand aussehen würde. Dann war es wieder einmal so weit, und mein Chef startete seine „Verunsicherungsoffensive". Natürlich nicht im Vieraugengespräch, sondern direkt in der berüchtigten Frühstückspause, wenn gerade alle Mitarbeiter zusammensaßen: „Warum hast du hier im Angebot den Aufwand für die Programmierung so niedrig angesetzt? Willst du uns ruinieren? Von der Arbeit, die die Programmierer leisten, müssen schließlich auch dein Gehalt und das des Grafikers bezahlt werden." Der Grafiker war zu jener Zeit mein einziger Verbündeter, denn er fiel wie ich in die Kategorie „Nicht-Programmierer" und war somit für unseren Chef kein vollwertiges Mitglied der Wertschöpfungskette eines Softwareunternehmens.

Ich hatte mich so oft gedanklich auf diese Momente vorbereitet, mir Worte zurechtgelegt, im Geiste Erklärungen und Abhandlungen vorgefertigt, und dann – Blackout und Unsicherheit auf ganzer Linie. In solchen Augenblicken beneidete ich alle Menschen, die derartige Aussetzer nicht kennen. Die sich nicht so leicht verunsichern lassen und einfach das ausplaudern, was sie denken. Ebenso wie der Chefprogrammierer im Unternehmen, den ich insgeheim immer als

„Nerd“ bezeichnete, da er nur zum Kaffeeholen aus seinem dunklen Versteck hervorkroch und sich für alle Kundentelefonate verleugnen ließ. Er erklärte nun vollkommen selbstsicher, wie lang er für das Vorhaben des Kunden braucht, wie aufwendig die Umsetzung und – vor allem – wie wichtig seine Rolle dabei ist. Hatte er das BWL-Studium mit Marketingfloskeln wie „Tue Gutes und rede darüber“ und Kommunikationsweisheiten wie „Man kann nicht nicht kommunizieren“ absolviert oder ich?

Derartige kurze Momente am Tag reichten vollkommen aus, um mich zutiefst zu verunsichern. Mir war klar:

Das vielgelobte „dicke Fell“ haben sensible Menschen nicht.

Vielmehr fühlte ich mich wie eine zarte Mimose inmitten einer Gemeinschaft übermächtiger Grizzlybären. Mein sehnsüchtiger Wunsch nach Sicherheit fand keine Erfüllung. Im Gegenteil, je mehr ich mir die scheinbaren Sicherheitsaspekte meines Jobs vor Augen hielt, umso deutlicher erwiesen sie sich als Illusionen.

Mit einer einfachen Liste können Sie alle Ihre eigenen Sicherheitsaspekte einmal schriftlich aufführen

- Was genau vermittelt Ihnen das Gefühl von Sicherheit?
- Sind darunter auch Argumente, die als Selbstschutz für den eigenen Seelenfrieden dienen?

Wenn ein Sicherheitsaspekt tatsächlich wegfällt, ist die Veränderung häufig weitaus weniger dramatisch als vorher angenommen.

1.2 Vordefiniertes Arbeitsumfeld

Da war ich nun. Jeden Morgen kurz nach halb 7 raus, ein schneller Kaffee, ab in den kalten Morgen und rein in die traurige Wirklichkeit. „Der frühe Vogel fängt den Wurm." Wie sehr ich diesen Spruch hasste, weil ich vor 9 Uhr morgens nie auch nur einen konstruktiven Gedanken hatte. Ich weiß nicht mehr, wie viele unzählige Male ich nach der Arbeit weinend nach Hause gefahren bin. Diese monotone Welt – tagein, tagaus – gepaart mit etlichen Befindlichkeiten von Kollegen und Vorgesetzten. Vom Schreibtisch über die Mitarbeiter und Kunden bis hin zur Mittagspause – alles war vordefiniert. Die Tage folgten derart gleichen Mechanismen, dass ich oft nicht mehr wusste, welcher Wochentag gerade war. Es war schlimm, und ich musste mir oft eingestehen:

Eine enorme Reizüberflutung sorgt bereits am frühen Nachmittag für eine Überschreitung der Belastbarkeitsgrenze.

Der quasselnde Kollege am Telefon, das permanente Dudeln des Radios, der unbequeme Stuhl … und ständig wurde ich durch das Klingeln des Telefons aus meiner Arbeit gerissen.

Dieses Klingeln versetzte mich jedes Mal in eine Art Panikzustand. Besonders drastisch reagierte mein Körper, wenn das Display der Telefonanlage eine der Nummern anzeigte, die mir bereits bestens vertraut waren. Sie gehörte zu einem Kunden, der nie anrief, wenn er zufrieden war (war er überhaupt jemals zufrieden?), sondern nur wenn ihm bereits vor Ärger das Blut in den Adern kochte.

Mit freundlicher Stimme sagte ich meinen Telefonspruch auf und hatte ihn noch nicht vollständig beendet, als ich unterbrochen wurde: „Frau Tissot, ich muss dringend mit Ihrem Chefprogrammierer sprechen …“ Zur Erinnerung: Er sprach gerade von dem Mann, den alle für unverzichtbar im Unternehmen hielten, der sich aber nur in den seltensten Fällen zu einem direkten Telefonat mit einem Kunden herabließ. „Einen kleinen Moment, ich versuche, Sie zu verbinden …“ Bereits als ich den Kunden zur kurzen Ruhe vor dem Sturm in die Warteschleife legte, war mir klar, was gleich passieren würde. Zu meiner großen Verwunderung hob der Chefprogrammierer im Nachbarzimmer tatsächlich den Hörer ab, um mich mit einem überaus herzlichen „Was gibt´s?“ zu begrüßen. Noch heute frage ich mich, wie Menschen ohne jegliche Empathie überhaupt existieren können. In kurzen und freundlichen Worten schilderte ich ihm, wer in der Warteschleife gern mit ihm sprechen möchte. Die Antwort fiel wie erwartet aus: „Du, für so was habe ich echt keine Zeit, bin gerade mitten über einem Projekt – klär du das mit ihm, sag ihm, er soll mir das Problem in eine Mail packen. Ich antworte dann drauf, wenn es wirklich wichtig ist, und vor allem dann, wenn ich Zeit dafür finde.“

Nach einem tiefen Atemzug beförderte ich den Kunden aus der Warteschleife zurück an mein Ohr.

„Herr Troll, hören Sie? Ich habe ihn gerade nicht erreicht, er sitzt in einer Besprechung. Ist es Ihnen möglich, mir das Problem kurz zu schildern, vielleicht auch in ein paar Stichpunkten per Mail? Dann spreche ich das mit ihm ab und er meldet sich bei Ihnen.“ Mir war bereits vor dem Ende meines Satzes klar, dass dem Kunden am anderen Ende gerade der Pfeifendeckel abgesprungen war. Die Explosion folgte unausweichlich: „Sagen Sie mal, Frau Tissot, spreche ich so undeutlich? Ich will nicht Ihnen etwas erklären, Sie wissen ja überhaupt nicht, worum es hier geht. Ich will mit dem Chefprogrammierer sprechen. Jedes Mal, wenn ich bei Ihnen anrufe, vertrösten Sie mich. Halten Sie mich eigentlich für bescheuert? Es geht in meinem Onlineshop hier täglich um viel Geld. Wenn Sie nicht in der Lage sind, mich durchzustellen, sollte jemand anderes Ihren Job machen. Ich werde mich bei Ihrem Chef über Sie beschweren.“

Direkt nach dem Telefonat floh ich auf die Toilette – der einzige Ort, an dem ich in diesem Unternehmen ungestört sein konnte. Einfach für ein paar ruhige Atemzüge. Ich machte hier als „Marketingleiterin“ den Job der Telefonistin. ‚Andere machen nach dem Studium Karriere und du sitzt hier fest.‘ Wunderbar, wenn einen das eigene Gehirn so quälte.

Ich hatte das Gefühl, ich müsste gleich ersticken. Zum Glück war es gerade auch Zeit für die Mittagspause.

Wie gern hätte ich jetzt einfach das Haus verlassen und mich für ein paar Minuten auf einer Parkbank niedergelassen oder einen Spaziergang gemacht. Dummerweise tickte mein Umfeld komplett anders. Mein Chef schwärmte ständig von den Vorzügen eines Unternehmensgebäudes in einem Gewerbegebiet. Hier gab es weder Bäume noch Parkbänke. Nur einen kahlen Parkplatz und jede Menge Beton. Es war lähmend, denn:

Der Mangel an Regenerationsphasen und Rückzugsgelegenheiten bedeutet eine ständige Zerreißprobe.

Ich fühlte mich wie eine seltene Spezies im Zoo, die schon seit vielen Jahren nichts anderes als einengende Gitterstäbe vor sich gesehen hatte und nur noch vor sich hin dahinvegetierte.

Prüfen Sie Ihr aktuelles Arbeitsumfeld

- Strengen Sie die tägliche Arbeit sowie die damit verbundenen Außenreize oft sehr an?
- Sind Sie überrascht von Kollegen, denen der Trubel offenbar weniger ausmacht als Ihnen?
- Vergleichen Sie sich zu sehr mit anderen?

Schaffen Sie sich systematisch ein Arbeitsumfeld, das sich mit Ihrer hochsensiblen Natur vereinbaren lässt.

1.3 Fremdgesteuerter Leistungsdruck

Den lieben langen Tag war ich so beschäftigt, dass ich kaum zum Aufschauen kam. Pünktlich um 8 begann ich meine Arbeit, doch der Feierabend rückte immer weiter nach hinten. Eines Nachmittags gegen 16:45 Uhr nahm ich mir fest vor, die aktuelle Aufgabe noch zu erledigen und dann pünktlich Schluss zu machen, um die letzten Sonnenstrahlen des Tages noch etwas genießen zu können. Ich hatte den Gedanken noch nicht richtig zu Ende gedacht, als mein Chef mit einem breiten Grinsen im Türrahmen erschien. Dabei handelte es sich nicht um die Art von Grinsen, bei dem man unwillkürlich mitgrinsen muss, sondern um eines, das den Atem kurz stocken lässt – mit dem sicheren Bewusstsein, dass sich dahinter nichts Gutes verbirgt. Eine häufig auftretende Situation:

Ein anderer Mensch bestimmt darüber, wie weit der eigene Leistungsdruck ansteigt.

„Du, ich habe gerade noch alle Hostingverträge inkl. Rechnungen für das Gesamtjahr ausgedruckt. Die müssten heute noch alle eingetütet werden, damit sie pünktlich morgen früh in die Post gehen. Ich denke, wenn du ein bisschen Gas gibst, bist du damit in einer Stunde durch." Mit diesen Worten packte er mir einen riesigen Stapel Papier auf den Tisch und fügte beiläufig hinzu: „Dort drüben liegen Umschläge und Briefmarken, natürlich selbstklebend, geht ja heutzutage alles superschnell."

Noch ehe mein Gehirn jedoch wieder aus der Schockstarre erwachte, war er schon längst mit beschwingten Schritten wieder aus meinem Zimmer verschwunden. ‚Du musst ihm jetzt sofort sagen, dass das so nicht geht. Warum hast du nicht sofort reagiert? Nicht nur, dass er dir kurz vor Feierabend einen riesigen Berg Arbeit auf den Tisch knallt und es für selbstverständlich hält, dass du die Arbeit noch erledigst …‘ Da war sie wieder, meine vorwurfsvolle, innere Stimme. Wenn die sich nur nicht immer im stillen Kämmerlein, sondern einfach mal lautstark äußern würde – nicht überhastet, unsicher und viel zu schnell, sondern klar und deutlich.

Missmutig begann ich, das Papier zu falten und fein säuberlich in die Umschläge zu manövrieren. Mein Unterbewusstsein nahm dabei automatisch die Summen auf, die dort auf dem unscheinbaren Papier schwarz auf weiß zu lesen waren. Die Einnahmen der oft vollkommen brach liegenden Hostingverträge, deren Onlinepräsenzen oft über Monate keiner im Unternehmen angeschaut hatte, überstiegen bei Weitem meine bisherigen Vorstellungen. Mein Ärger über meinen Chef verflog, und unweigerlich musste ich mir eingestehen, dass er durchaus in der Lage war, Kunden so zu binden, dass er ihnen als unverzichtbar erschien. Und das ohne jeglichen Charme. Das muss ich doch auch hinbekommen, so schwer kann das doch nicht sein.

Warum arbeitest Du eigentlich hier und nicht in Deinem eigenen Unternehmen, für Dich selbst?

Als ich nach einer guten Stunde endlich mein Werk beendet hatte und sich vor mir zehn große Stapel Briefumschläge türmten, bemerkte ich, dass sich mein Körper seltsam schwach anfühlte.

Am nächsten Morgen bemerkte ich bereits bei meiner Ankunft auf Arbeit, dass heute etwas anders war. Mehrere Mitarbeiter schwirrten bereits geschäftig hin und her und schauten nur für ein knappes „Guten Morgen“ von ihren Schreibtischen auf. Der Grafiker steckte mir dann in wenigen Worten, dass unser Chef einen Auftrag mit Priorität 1 versehen hatte und alle anderen Aufgaben für heute gestrichen waren. Ich kannte den Inhalt des Auftrags sehr gut, ich hatte schließlich das Angebot erarbeitet und den Zeitplan für die Umsetzung mit den Verantwortlichen besprochen. Mein Chef hatte allerdings die Programmierer über zwei Wochen mit anderen Aufgaben zugepackt, und der Zeitplan für den Arbeitsprozess an besagtem Auftrag hinkte tagelang hinterher. Es war nicht das erste Mal, dass wenige Tage vor Projektende plötzlich das große Rennen begann. Das Klima im Unternehmen war sowieso bereits von Oberflächlichkeit und Rastlosigkeit geprägt, aber in solchen Phasen war es kaum auszuhalten. Ich konnte förmlich die Panik der anderen Mitarbeiter in der Luft spüren. Ich hatte den Projektablauf des Auftrags säuberlich geplant und sogar Pufferzeiten eingetaktet. Umso unerträglicher war es für mich, dass die fremdgesteuerten Mechanismen mir einen unausweichlichen Leistungsdruck auferlegten.

Unter fremdgesteuertem Leistungsdruck konnte ich nur schwer arbeiten, und es kam immer wieder zu vermehrten Fehlern bei der Arbeit. Ich verpackte im Text eines Briefes einen Tippfehler, der aus „Betrag dankend erhalten“ ein

„Betrag denkend erhalten“ machte. Sehr zur Belustigung des Kunden, der das Ganze locker sah, und sehr zum Ärger meines Chefs. Ich erspare Ihnen an dieser Stelle die Ausführungen seiner zynischen Bemerkungen.

Hinterfragen Sie den Stress, den Sie im Job empfinden

- Entsteht Leistungsdruck durch Ihr eigenes Verschulden oder ist er häufig fremdgesteuert? Ihre ausgeprägte Hilfsbereitschaft bringt Sie oft dazu, sich für andere besonders verantwortlich zu fühlen.
- Auch wenn es zunächst für Sie anmaßend egoistisch zu sein scheint: Übernehmen Sie nur noch Verantwortung für Ihr eigenes Handeln. Sie können mit Ihrer Arbeit nicht ständig Fehler anderer ausgleichen.

Nur so reduzieren Sie den empfundenen Leistungsdruck im Job dauerhaft und schützen sich vor einem Burn-out.

1.4 Stille Abhängigkeit

Ich war noch zeitiger aufgestanden als sonst, um mich für die Arbeit zurechtzumachen und noch vor Arbeitsbeginn die Brötchen beim Bäcker zu holen. Mit dem Blick in den Kleiderschrank war mir klar, dass es heute nicht das „Kostümchen“ wird, das mein Chef gestern im Nebensatz bei der Absprache zum heutigen Termin erwähnte hatte. Stattdessen wählte ich eine „Uniform“ aus dunkler Hose und hochgeschlossener Bluse. Das Ganze kombinierte ich mit einem streng nach hinten gebundenen Pferdeschwanz und meiner schwarzgerahmten Brille.

Ein Blick in den Badezimmerspiegel verriet mir, dass ich genauso aussah, wie ich wirken wollte. Nicht wie das kleine zarte Marketingblümchen im „Kostümchen“, sondern wie eine junge Frau, die sich heute klar durchsetzen wird. Meine neue Arbeitskleidung fühlte sich an wie ein schützender Schild. Wie ich bereits bei anderen Menschen oft beobachtet hatte:

Die Arbeitskleidung wird zum Schutzschild, das über eine stille Abhängigkeit hinwegtäuschen soll.

Pünktlich um 8 Uhr morgens balancierte ich ein großes Tablett mit belegten Brötchen durch die Eingangstür des Unternehmens. Mein Chef betraute mich nur zu gern mit derartigen Aufgaben.

Dieses Tablett positionierte ich fein säuberlich neben die Kaffeemaschine und ging dann direkt an meinen Arbeitsplatz, ohne heute ihrem monotonen Tropfen zu lauschen.

Auf dem Weg zu meinem Schreibtisch begegnete mir Herr Troll auf dem Flur. Falls Sie vergessen haben sollten, wer Herr Troll ist, zur kurzen Erinnerung: Es handelt sich um jenen Sympathieträger, der mir am Telefon regelmäßig die Hölle heiß machte, wenn er nicht sofort den unverzichtbaren Chefprogrammierer sprechen konnte. Jener Herr Troll schaute kurz auf und verschwand dann wortlos ohne einen Gruß im Zimmer meines Chefs. ‚Was für ein arroganter Idiot', schoss es mir voreilig durch den Kopf. ‚Dieser gefühlt ein Meter fünfzig kleine Zwerg mit seinem übersteigerten Ego. Er schafft es nicht einmal, mich zu grüßen, und tut so, als hätte er mich nicht gesehen.' In meiner Wut versunken ging ich weiter.

An meinem Arbeitsplatz angekommen, wartete bereits der Grafiker auf mich. Eines der wenigen vertrauenswürdigen Gesichter im Unternehmen. Er schaute mich mit großen Augen über seinen Brillenrand hinweg an und erwiderte mein „Guten Morgen" gefolgt von dem Satz: „Du siehst heute vollkommen anders aus. Irgendwie streng, aber richtig gut."

Genau diese Strenge behielt ich auch bei, als ich pünktlich um 10.00 Uhr zum Termin mit Herrn Troll und meinem Chef erschien.

Mein Chef hatte zu diesen Geschäftsterminen die nervige Angewohnheit, so zu tun, als seien wir dicke Freunde. Mit einer aufgesetzten Freundlichkeit begrüßte er mich und verwies mich dann an Herrn Troll. Mir kroch dieses Gefühl von Unbehagen über den Rücken. Diese empfundene Kälte war mir bereits seit meiner Kindheit vertraut.

Unheilvolle Gespräche und deren Entwicklungen können sensible Menschen bereits geraume Zeit vorher wahrnehmen, auch wenn sie den genauen Hintergrund zu diesem Zeitpunkt noch nicht kennen.

Eine unangenehme Stimmung lag dann in der Luft, ohne dass ich in der Lage war, sie genau zu benennen. Diese Intuition versetzte mein Gehirn jedes Mal in einen Ausnahmezustand, ähnlich wie manche Menschen ihre Prüfungsangst und die damit verbundenen „Aussetzer" beschreiben. Leider empfand ich dieses unsichere Gefühl oft bereits, wenn ich mit einem mir fremden Menschen nur ein Telefonat führen musste. Noch schlimmer wurden die Reaktionen meines Gehirns, wenn ich mich selbst dabei noch gut verkaufen sollte, zum Beispiel bei Geschäftsterminen. Es erschien mir dann, als seien die Augenpaare wie Röntgengeräte auf mich gerichtet. Gleichzeitig konnte ich oft instinktiv Gedanken und Emotionen meines Gegenübers bereits durch seine bloße Anwesenheit spüren. So stark, dass ich immer wieder den Eindruck hatte, es wären meine eigenen. Ich versuchte, die aufkeimende Unsicherheit mit einem Lächeln niederzukämpfen.

Ich begrüßte beide mit einer höflichen Floskel, aber mein geschäftiges Lächeln stattete meinen Ohren keinen Besuch ab. Bereits beim Betreten des Raumes konnte ich die Spannung zwischen den beiden Männern spüren. Wie zwei „Alpha-Höhlenmännchen", die nicht mehr lange verhandeln, bevor sie sich mit ihren selbstgeschnitzten Keulen die Köpfe einschlugen.

Herr Troll schaute mich mit einem überraschten Gesichtsausdruck an und faselte irgendetwas davon, dass er mich vorhin auf dem Flur gar nicht erkannt hatte. Mir kam das jedoch wie eine willkommene Ausrede vor, denn ich habe noch nie verstanden, wie man ein bekanntes Gesicht aufgrund einer veränderten Frisur oder einer Brille plötzlich nicht mehr erkennen sollte. Der erstaunte Einwurf von Herrn Troll war aber so schnell vorüber, wie er gekommen war.

Dann begannen die beiden Herren, über technische Inhalte und Optimierungsmöglichkeiten zu diskutieren. Ich hatte zwar im Laufe meiner Arbeit im Unternehmen bereits jede Menge rund um Softwareentwicklung, Programmiersprachen und Umsetzung dazugelernt, konnte mich aber einfach nicht dafür begeistern.

Umso interessanter fand ich es, wie die beiden nonverbal miteinander agierten.

Körperhaltung, Mimik und Gestik anderer werden von sensiblen Antennen besonders genau aufgenommen und verarbeitet.

Die beiden schienen das aber nicht zu bemerken und schaukelten sich nun auch verbal systematisch gegenseitig hoch. Mit großer Mühe versuchte ich, den sachlichen Grundlagen und dem eigentlichen Inhalt des Gesprächs zu folgen. Aber das war kaum noch möglich, denn es ging hier zwischen zwei erwachsenen Männern, die immer betont auf jegliche Gefühlsregung verzichteten, ganz klar um persönliche Befindlichkeiten. Herr Troll fühlte sich durch überteuerte Monatskosten und die Unerreichbarkeit des zuständigen Programmierers schlecht behandelt. Mein Chef hingegen war offenbar der Ansicht, dass sein Gegenüber nach der Helikoptermethode ständig viel zu viel Wirbel um nichts machte. „Schließlich haben wir auch noch andere Kunden, die wir betreuen müssen ..." Nein, das hatte ich hoffentlich gerade falsch verstanden, und er hatte es nicht laut gesagt. Aber das plötzlich blutunterlaufene Gesicht des Kunden deutete darauf hin, dass er es ebenso wie ich klar und deutlich verstanden hatte. Eine Explosion stand kurz bevor in drei, zwei ...

Plötzlich war da noch eine Stimme im Raum, die recht vernünftig argumentierte: „Herr Troll, wenn ich Sie richtig verstanden habe, wünschen Sie sich, dass Sie für ihre monatlichen Aufwendungen entsprechend auch einen persönlichen Ansprechpartner im Unternehmen haben. Vielleicht besteht die Möglichkeit, dass wir einmal im Monat einen festen Termin vereinbaren und Sie im persönlichen Gespräch alle Ihre Anliegen schildern. So erreichen Sie garantiert die richtige Person. Unser Programmierer hat in seinen Arbeitsstunden die Zeit, sich an die Umsetzung zu machen, und fühlt sich nicht durch unvorhergesehene Anrufe in seiner Arbeit unterbrochen." Ich hatte diesen Gedankengang laut ausgesprochen, noch ehe mir wirklich bewusst wurde, dass ich mich zu diesem Zeitpunkt überhaupt in das Gespräch einschalten wollte.

Kaum hatte ich mit meinen Ausführungen geendet, bemerkte ich auch schon, wie mir die Röte unaufhaltsam über den Hals ins Gesicht kroch. Für mich vollkommen unerwartet entspannte sich das Gesicht von Herrn Troll plötzlich, und er meinte: „Frau Tissot, das ist der erste sinnvolle Vorschlag, den ich heute in diesem Gespräch gehört habe. Was meinen Sie, wann wäre es für den Programmierer realistisch, sich im Tagesgeschäft einmal im Monat zwei Stunden freizuhalten?“ Sein Zorn war verflogen, und er war ganz offensichtlich an einer konstruktiven Lösung interessiert. Dieser Moment erfüllte mich, denn:

Das Bedürfnis nach Harmonie und gegenseitigem Verständnis ist bei „Sensibelchen" besonders ausgeprägt.

Die blanke Wut kam jetzt aus einer anderen Ecke. Doch mein Chef unterdrückte scheinbar seinen Wunsch danach, unkontrolliert auszurasten, weil er wusste, welche monatlichen Summen für sein Unternehmen auf dem Spiel standen. Beide Männer einigten sich recht schnell, und Herr Troll verabschiedete sich sichtlich beruhigt mit den Worten: „Das war sehr gut, dass Sie heute bei dem Gespräch dabei gewesen sind. Ich würde mich freuen, wenn auch Sie es einrichten könnten, bei unseren monatlichen Terminen dabei zu sein. Ich bin auf der Suche nach ein paar Vermarktungsideen für meinen Onlineshop. Leider ist der bisher sehr technokratisch. Sie sind mit Sicherheit die richtige Ansprechpartnerin dafür.“

Diesmal war ich diejenige, die mit einem breiten Grinsen an den Schreibtisch zurückkehrte. Ich freute mich, dass ich die richtigen Worte gefunden hatte und der Kunde offenbar mit dem Ausgang des Gesprächs zufrieden war.

Ich wollte gerade meine To-do-Liste abarbeiten, als die Tür aufflog und mein Chef wutschäumend das Zimmer betrat. „Was hast du dir bloß dabei gedacht, mich derart vor dem Kunden bloßzustellen? Ich stand da wie der letzte Idiot. Nicht nur dass der Troll seinen inneren Reichsparteitag hatte, nein, jetzt kommt auch noch jede Menge mehr Arbeit auf uns zu. Monatliches, persönliches Gespräch – was für ein Schwachsinn …“ Er tobte und wütete. Ich weiß nicht, ob es daran lag, dass ich seine Ausbrüche schon zu genau kannte oder heute einfach ein besonderer Tag war, aber ich unterbrach seine Hasstiraden und fiel ihm, entgegen meiner bisherigen Gewohnheit, ziemlich rau ins Wort. „Ist dir eigentlich bewusst, dass du den Kunden heute verloren hättest? Er hat seine Wünsche klar zum Ausdruck gebracht. Es ist im Grunde nur allzu verständlich, dass er unzufrieden ist. Wie oft wurde er einfach abgebügelt? Für mich ist ab heute Schluss mit deinen persönlichen Angriffen. Ist dir überhaupt klar, dass du immer wieder vollkommen unsachlich und beleidigend wirst? Wenn du eine konstruktive Kritik an meiner Arbeit hast, dann höre ich sie mir jederzeit gerne an. Solltest du aber wieder persönlich und ausfallend werden, beende ich wie jetzt das Gespräch.“

Mit diesen Worten ließ ich ihn stehen und rauschte aus dem Zimmer.

Unangenehme Situationen wecken den Urinstinkt nach Flucht.

Mein Herz pochte bis in den Hals. Ich konnte jede einzelne Sehne bis zum Äußersten gespannt in meinem Körper spüren, das Blut rauschte in meinen Ohren. Ich unterdrückte aufkommende Tränen der Wut und der Anspannung. ‚Nein, DU wirst jetzt nicht heulen. Du hast keinen Grund dazu. DU hast endlich Deine Meinung gesagt. Laut, klar und deutlich. Okay, wahrscheinlich wieder ein bisschen zu schnell und zu hektisch', fügte ich in Gedanken mit einem Schmunzeln hinzu, ‚aber das macht rein gar nichts.' Kurz überlegte ich mir, welche Konsequenzen mein Ausbruch haben könnte. Eine Kündigung wäre gar nicht so schlimm und würde mir meine Entscheidung abnehmen.

Als ich mich wieder gesammelt hatte und das ohrenbetäubende Rauschen meines Körpers verebbt war, kehrte ich an meinen Arbeitsplatz zurück.

Wie immer nach außergewöhnlichen Ereignissen wie diesem verspürte ich plötzlich einen fast übermächtigen Wunsch nach Schlaf.

Nach Entladung von Emotionen und geistiger Überanstrengung folgt eine tiefe Müdigkeit.

Am liebsten wäre ich sofort nach Hause gefahren und hätte ein Power-Napping gemacht – etwa zwei Wochen lang, ohne jeglichen Kontakt zur Außenwelt.

Stattdessen versuchte ich, mich auf meine Arbeit zu konzentrieren. Angebotserstellung – für potenzielle Kunden, die wieder ordentlich dafür zahlen würden, dass sich scheinbar eine Heerschar an unersetzlichen Programmierern um ihre Webshops kümmerte. Die es aber in Wirklichkeit vorzogen, sich wichtig zu tun, und nur bei Ausfällen oder einem zwingend notwendigen Update überhaupt einen Finger krumm machten. Das musste doch auch anders gehen:

Gute Arbeit leisten, die die Menschen ein Stück zufriedener macht und für die sie auch gerne bereit sind, Geld auszugeben. Persönlich, freundlich und kompetent!

Diese quälende Abhängigkeit, in der ich mich befand, verabscheute ich zutiefst. Im Grunde meines Herzens war ich ein Freigeist. Ich fühlte mich hier eingeengt. Jede unternehmerische Fehlleistung meines Chefs musste ich indirekt mittragen – auch mit diversen unbezahlten Überstunden. Wenn ich hingegen einen Fehler beging, wurde er mir immer wieder vorgehalten, selbst Kleinigkeiten wurden wiederholt thematisiert.

Ganz im Gegenteil zu Erfolgen. Die waren selbstverständlich. Lob oder Anerkennung gab es keine. Schließlich war diese Form der Leistung Standard.

Mein Chef ließ sich an diesem Tag nicht mehr blicken und war scheinbar in Endlostelefonaten und seine innig geliebten Excel-Tabellen vertieft. Und ich? War ihm irgendwie dankbar dafür. Allerdings fühlte ich mich, wie so oft, in mir selbst gefangen:

Die Gedanken kreisen um den vergangenen Tag in einer scheinbaren Endlosschleife.

Auch in der Nacht kam ich nicht zur Ruhe. Immer wieder ging ich jedes Detail der Gespräche durch.

Vollkommen übermüdet fuhr ich am folgenden Tag wieder ins Büro. Ich hatte bereits in der Nacht alle möglichen Reaktionen und Konsequenzen im Geiste durchgespielt. Und es passierte nichts, rein gar nichts.

Es war, als ob das Streitgespräch zwischen meinem Chef und mir gestern nie stattgefunden hätte. Zumindest nach außen hin. Allerdings beobachtete ich ihn dabei, wie er mich während der Frühstückspause immer wieder argwöhnisch aus den Augenwinkeln beobachtete. Er glaubte, ich bemerkte es nicht, allerdings konnte ich oft sogar Blicke, die hinter meinem Rücken stattfanden, so spüren, als würden sie meine Haut versengen.

In der darauffolgenden Sitzung agierte er sachlich und formell, erteilte mir meine Aufgaben präzise, aber ohne auch nur einen Anflug von persönlichem Angriff. Ich antwortete ihm sachlich, aber für meine Verhältnisse recht kühl. Mir nahestehende Menschen hatten mir schon reflektiert, dass ich in diesen Momenten arrogant wirkte, aber das war ich nicht. Ich hatte einfach die Fassade satt. Wozu das ganze Streben nach Harmonie, wenn sie an dieser Stelle sowieso unerreichbar schien und das tägliche Katz- und Mausspiel immer wieder die allgegenwärtige stille Abhängigkeit verdeutlichte. Wie sollte er bemerken, wie ich mich wirklich fühlte, wenn ich immer den Sonnenschein mimte?

Falls Ihnen die beschriebene Situation der stillen Abhängigkeit bekannt vorkommt ...

- Nehmen Sie sich bewusst vor, an geeigneter Stelle Ihre Meinung zu einem bestimmten Thema sachlich zu äußern.
- Tun Sie das immer wieder.

Sie werden bald bemerken, wie befreit Sie sich fühlen, und sich damit Schritt für Schritt aus der Abhängigkeit lösen.

1.5 Körperliche Grenzen

Mein Gehirn schien ständig auf Hochtouren zu laufen, jeden Abend fühlte ich mich tief erschöpft. Die stupide Arbeit, der verzweifelte Wunsch nach Veränderung und die kreisenden Gedanken nach Alternativen. Dazu kam noch die Ablenkung mit durchfeierten Nächten, die mir wenigstens ein Stück das Gefühl geben sollten, das tun zu können, was ich will.

Vielleicht wäre etwas Ruhe angebracht? Vielleicht sollten wir alle achtsamer mit unserem Körper umgehen?

Aber ich bin jung, was soll mir schon passieren? Das dachte ich bis zu dem Tag, als ich gemeinsam mit meiner Mutter bei meiner Großmutter in einer nachmittäglichen Kaffeerunde saß. Ich spürte bereits länger ihren Blick auf mir ruhen, bevor sie sagte: „Irgendetwas stimmt mit deinem Hals nicht, von der Seite betrachtet wirkt er dick. Als hättest du einen Kropf. Du bist in letzter Zeit auch immer so gereizt, vielleicht stimmt etwas mit deiner Schilddrüse nicht. Das solltest du mal untersuchen lassen ..." Ich spürte wieder diese aufkommende Wut, schließlich war ich schon seit Jahren kein Kind mehr. Warum sich Mütter immer solche Gedanken um ihre Kinder machen müssen ... (diesen Umstand habe ich erst verstanden, nachdem ich selbst Mutter geworden bin). Mit einer harschen Bemerkung tat ich schließlich ihre Bedenken ab.

Am Abend stand ich im Badezimmer und erinnerte mich an ihre Worte. Der Blick auf mein Spiegelbild zeigte tatsächlich eine unschöne Beule am Hals. War die schon immer dort?

In den darauffolgenden Wochen spürte ich häufiger, dass mein Herzschlag plötzlich sehr schnell ging. Die kleinste Anstrengung versetzte meinen Körper in den Ausnahmezustand. Ich hörte immer wieder, wie mein Herz laut und angestrengt schlug, als wäre ich gerade den ganzen Weg von der Arbeit nach Hause gerannt. Gegen meine eigentliche Überzeugung besuchte ich irgendwann meine Hausärztin.

Nach einem kurzen Gespräch beruhigte sie mich und meinte, ich litt sicher wie viele junge Frauen an einer Unterfunktion der Schilddrüse.

Sie zapfte mir ein paar Röhrchen Blut ab und verschrieb mir bis zum endgültigen Untersuchungsergebnis vorsorglich ein Medikament, das meine Schilddrüsenfunktion etwas ankurbeln sollte. Die kurze intuitive Eingebung, dass sie nach Schema F vorging und in Wirklichkeit überhaupt keine Ahnung hatte, schob ich weit von mir. Schließlich gehörte sie zur Gattung der „Halbgötter in Weiß“. Sie wird schon wissen, was sie tut.

In den nächsten Tagen verspürte ich immer wieder Heißhunger, doch selbst große Mengen an Nahrung konnten mich nur für kurze Zeit zufriedenstellen. Bei meinem Kalorienumsatz hätte ich unweigerlich zunehmen müssen, aber mein Körper wurde immer schmaler. Am unerträglichsten war aber mein Gemütszustand. Ich war auf der Arbeit ständig nahe am Wasser gebaut, die kleinsten Probleme erschienen mir plötzlich unlösbar. Wenn mir nicht nach Weinen zumute war, hegte ich ein Gefühl der Ruhelosigkeit und

Gereiztheit. Bis endlich das Untersuchungsergebnis da war: massive Überfunktion der Schilddrüse.

Massive, dauerhafte Überlastung fordert irgendwann einen gesundheitlichen Tribut.

Die Ärzteodyssee begann. Kein Arzt in meinem Umfeld wusste so recht, woher die Überfunktion kam. Der Ultraschall zeigte nur deutlich, dass meine Schilddrüse wie ein heiß gelaufener Motor sich scheinbar selbst zerstörte …

Nach einigen, verzweifelten Bemühungen und vielen Stunden in stickigen Wartezimmern folgte endlich ein Termin, der Hoffnung weckte. Ich schaute in das intelligente und offene Gesicht einer Ärztin mittleren Alters. Sie blickte mich mit einer Mischung aus ärztlicher Neugier und mütterlichem Wohlwollen an. Intuitiv hatte ich bereits nach wenigen Minuten Gespräch das Gefühl, dass sie mir weiterhelfen konnte. Sie setzte, wie bereits diverse ihrer Amtskollegen vor ihr, das Ultraschallgerät an meinem Hals an, und ich erkannte die Verblüffung, die sich in ihrem Gesicht abzeichnete.

Sie bat mich um einen kurzen Moment Geduld und darum, meine Schilddrüse zwei jungen Kollegen zeigen zu dürfen, die so etwas mit Sicherheit bisher nur aus dem Lehrbuch kannten. Wie ein seltsames Laborwesen beäugten mich sechs Augen. „Frau Tissot, Sie haben da eine Autoimmunerkrankung entwickelt, die wahrscheinlich vor 800 Jahren bereits das erste Mal beschrieben wurde und später den medizinischen Begriff Morbus Basedow bzw. Graves' Disease erhalten hat. Dabei richtet sich das Immunsystem ihres Körpers gegen die Schilddrüse. In ihrem Fall so stark, dass sich bereits eine Struma entwickelt hat und ihre Augen offenbar ebenfalls betroffen sind. Hierbei handelt es sich um eine sogenannte endokrine Orbitopathie."

Was dann folgte, habe ich bei einem Arzt bisher nie wieder erlebt. Mitfühlend beendete sie ihre Ausführungen: „Sie müssen in den letzten Monaten viel durchgemacht haben."

Sie erklärte mir weitere Details der Autoimmunerkrankung und auch, dass der Auslöser noch weitgehend unerforscht ist, Studien aber darauf hinweisen, dass eine genetische Veranlagung oder eine starke psychische Belastung die Ursachen sein können. Aufgrund der enormen Durchblutung und der extremen entzündlichen Prozesse in meiner Schilddrüse sowie meiner erweiterten Augen riet sie mir zu einer OP. Allerdings verbunden mit der Bitte, einen weiteren Spezialisten aufzusuchen, um nicht vorzeitig ein wichtiges Organ zu entfernen.

Die Erkenntnis über eine chronische Erkrankung führt zu einer gedanklichen Lähmung.

Nach Verlassen der Praxis fuhr ich wie gelähmt nach Hause. Es gab also einen Zusammenhang zwischen meiner Schilddrüse und den hervorstehenden Augen, die mein Vater erst ein paar Tage zuvor bemerkt hatte. Zu Hause angekommen setzte ich mich sofort vor meinen Rechner und begann, alles rund um die Erkrankung in Erfahrung zu bringen. Demzufolge wurde die Basedowsche Krankheit auch als Glotzaugen-Krankheit bezeichnet. Mit schnellen Klicks hangelte ich mich durch das Bildarchiv bei Google. Der Anblick, der sich mir dort bot, erschütterte mich zutiefst. Ich war den wenigen Fachseiten zum Thema Morbus Basedow dankbar, die mir alle medizinischen Hintergrundinfos erörterten, die aber vor allen in ihren Foren Trost spendeten. Hier erfuhr ich auch, dass aufgrund der Überflutung von Hormonen meine Psyche vollkommen aus dem Gleichgewicht geraten war und alle Lebensbereiche extrem beeinflusste.

Kann eine feinfühlige Ader dazu führen, dass der Körper täglich vollkommen überfordert und an seine Grenzen gebracht wird?

Ich hatte mich bisher nie gefragt, warum Menschen wie Marty Feldman so auffällige Augen haben oder Heino immer eine Sonnenbrille trägt. Bis heute bin ich jedoch in der Lage, ebendiese Erscheinung der Augen auch in viel geringerer Ausprägung zu erkennen, weil mich meine Augen im akuten Stadium der Krankheit immer wieder starr und erweitert aus dem Spiegel angeschaut haben.

‚Sandra, es ist so weit, du musst dringend etwas ändern.' Lange hatte ich weit über die Verhältnisse meines Körpers gelebt, jetzt wurde das ganze Ausmaß der Belastung deutlich. Nach diversen Fachgesprächen und einer Bedenkzeit von mehreren Wochen entschied ich mich für eine OP an der Schilddrüse. Ein geübter Strich mit einem Faserstift durch den Chefarzt der Chirurgie besiegelte ihr endgültiges Schicksal. Sie wurde vollständig und unwiederbringlich entfernt.

Entgegen meinen Erwartungen fühlte ich mich bereits wenige Tage nach der OP erstaunlich befreit. Nicht nur von den körperlichen Symptomen, sondern auch im Kopf. Mir wurde klar, was ich aufgrund meiner Jugend bisher nicht erkannt hatte. Eine tief greifende Erkenntnis ergriff Besitz von mir:

Das Leben ist endlich.

Wenn ich so wie bisher weitermachte, würde mein Körper früher oder später wieder krank. Ich musste mich erholen und neue Kraft schöpfen.

Unvermutet bildeten sich entgegen allen Prognosen der Ärzte meine „Glotzaugen" recht schnell zurück. Mein Äußeres war zwar nicht mehr das Gleiche wie vorher, aber wie die feine Narbe, die nach und nach an meinem Hals verblasste, erinnern mich auch meine Augen immer daran, dass ich achtsam mit mir selbst umgehen muss.

Die ständige Reizüberflutung und der fremdgesteuerte Leistungsdruck ließen mein Gehirn andauernd auf Hochtouren laufen. Ich fühlte mich körperlich und geistig extrem erschöpft. Es war mir im derzeitigen Job einfach nicht möglich, mich ausreichend und nach meinen Bedürfnissen zurückzuziehen, um mir Erholungspausen zu gönnen. Selbst die Regenerationsphasen waren durch fest definierte Mittagspausen oder den Feierabend fest vorgeschrieben. Wenn ich in den Pausen etwas Ruhe tanken wollte, war scheinbar nirgendwo ein einsamer Platz zu finden, und plappernde Arbeitskollegen sorgten für zusätzliche Reizüberflutung. Selten fand ich das richtige Maß. Kein Wunder, dass ich davon irgendwann krank wurde.

‚Sandra, es muss sich etwas ändern' lautete mein guter Vorsatz für die Zukunft in meinem Job.

Burn-out durch Leistungsdruck oder Bore-out durch Unterforderung machen auf Dauer unzufrieden und krank

- Spüren Sie immer wieder körperliche Grenzen?
- Hören Sie auf Ihren Körper!
- Ihre Intuition oder das vielbeschriebene „Bauchgefühl" warnen Sie bereits früh.

1.6 Systematische Selbstaufgabe

Zurück im Arbeitsalltag kam wieder die Ernüchterung. Alles folgte wieder der altbekannten Regel:

> „Gute Vorsätze" schwinden mit jedem Tag, an dem wir in unserem gewohnten Hamsterrad auf der Arbeit rotieren.

Mein Chef heuchelte kurzes Interesse an meinem Krankheitsverlauf, den ich ihm in knappen Worten schilderte. Mit versteinerter Miene und verschränkten Armen saß er mir am Schreibtisch gegenüber. Man muss kein Studium der Psychologie absolviert haben, um seine Körperhaltung mit all ihrer Ablehnung nicht sofort zu erkennen.

Allein sein Anblick erweckte in mir wieder den tiefen Wunsch, sofort die Flucht zu ergreifen, mich in mein Auto zu setzen und mich zu Hause mindestens für ein Jahr einzuschließen.

Als ich mit meinen Ausführungen fertig war, schaute er mich mit unverändertem Gesichtsausdruck an: „Sandra, wir brauchen hier in unserem Tagesgeschäft 100 Prozent Einsatzbereitschaft. Ausfälle durch Krankheit können wir uns nicht leisten. Was bedeutet das mit der Autoimmunerkrankung? Wann bist Du wieder komplett hergestellt?" Wie ich sein empathisches Wesen liebte.

Der Wunsch nach Empathie ist groß, und die Suche danach bleibt oft unerfüllt.

Was genau hatte er an meinen Ausführungen nicht verstanden? Immer wieder passierte es mir, dass ich den Eindruck nicht los wurde, die Menschen um mich herum verstünden mich nicht. Lag es an meiner Wortwahl oder daran, dass ich immer ein bisschen zu schnell redete?

Mein Immunsystem erkannte körpereigenes Gewebe als Fremdkörper an. Ließ man sich allein diese Worte einmal auf der Zunge zergehen, bedeutete das, dass mein mir innewohnendes Schutzsystem die eigenen Kollegen als Feinde betrachtete und ständig attackierte. Unweigerlich musste ich grinsen. Ähnlich behandelte mein Chef auch seine unternehmenseigenen Mitarbeiter. Wie sollte er dann verstehen, dass der Prozess nicht einfach durch eine veränderte Arbeitsmaßnahme oder eben eine Pille umkehrbar war? Geduldig erklärte ich ihm, dass die genaue Entstehung einer Autoimmunerkrankung nach wie vor nicht geklärt war und es sich scheinbar um komplexe Prozesse handelte. „Eine Heilung, wie du sie gerade ansprichst, ist nicht möglich. Es gibt Hunderte von Autoimmunerkrankungen, aber bei allen werden nur die Symptome behandelt."

Vollkommenes Unverständnis zeichnete sich auf seinem fahlen Gesicht ab. Ich hätte ihm genauso gut erklären können, dass Einsteins Frage nach einer einheitlichen Feldtheorie aller Naturkräfte auf Grundlage seiner allgemeinen Relativitätstheorie ein Unterfangen war, das bis heute nicht gelöst wurde. Bei seinem übersteigerten Ego hätte er mir hierfür wahrscheinlich schneller einen Lösungsansatz versprochen.

Resignierend versicherte ich ihm stattdessen: „Es gibt für mich persönlich keine vollständige Heilung durch Medikamente, aber im Berufsalltag wird es sicher keine großen Beeinträchtigungen geben." Kaum hatte ich diesen Satz herausgebracht, hellte sich sein Gesicht deutlich auf, übrigens das erste Mal in unserem knapp 10-minutigen Gespräch über meinen Gesundheitszustand. Mit diesem Satz war auch das Gespräch beendet, und er fragte mich nie wieder danach. Ganz so, als ob er mit dem Schweigen darüber kein schlechtes Karma heraufbeschwören wollte. Er ging zum gewohnten Alltag über. Selbstverständlich verbunden mit allen kleinen Schikanen und unkontrollierten Wutausbrüchen, die ich bis dahin bereits von ihm gewohnt war. Nach außen hin schien alles wie zuvor.

Nach zwei Wochen war ich wieder vollständig in meinem Berufsalltag aus Angebotserstellung und weiteren tiefschürfenden Assistenzaufgaben gefangen. Kurz gesagt, mein Chef schaufelte wieder alle unliebsamen Tätigkeiten, die sonst keiner machen wollte, auf meinen Schreibtisch.

Das Individuum zählt in der traditionellen Arbeitswelt nichts, jeder verschwindet in einer grauen Masse aus unzähligen, jederzeit beliebig austauschbaren Rädchen.

Es ging jeglicher Sinn verloren, ich arbeitete nur noch um der Arbeit willen. Die Zeit schien nie auszureichen, weder bei der Arbeit mit all ihren Meetings, Projektterminen etc. noch bei meiner Familie. Ich sah meine Tochter immer noch viel zu selten. Ich fühlte mich um meine Unabhängigkeit betrogen. Die fehlende Anerkennung meiner Arbeit, verbunden mit der mangelnden Eigenverantwortung, empfand ich nur noch als erstickend. Immer häufiger ergriffen depressive Empfindungen Besitz von mir. Wer war ich eigentlich? Gab es mich überhaupt noch, oder hatte ich mich längst systematisch selbst aufgegeben?

Hinterfragen Sie sich selbst

- Vertrösten Sie sich im Job oder im Privatleben häufig auf später, weil Sie scheinbar nie Zeit haben?
- Arbeiten Sie nur um der Arbeit willen und nicht mehr für sich selbst?
- Versinken Sie nicht in endlosen Gedankenschleifen und Selbstmitleid.
- Es gibt nur einen einzigen Menschen, der diesen Kreislauf durchbrechen kann – Sie selbst.

1.7 Fazit

Mir wurde bewusst, dass es die suggerierte Sicherheit des Arbeitnehmerverhältnisses nicht gibt.

Die vordefinierte Arbeitsatmosphäre, der fremdgesteuerte Leistungsdruck und alle Abhängigkeiten hatten bei meinem sensiblen Wesen zu gesundheitlichen Problemen und letztendlich zur Selbstaufgabe geführt.

Ich passte einfach nicht in diese Arbeitnehmerwelt. So sehr ich mich auch bemühte – ich fühlte mich zu sensibel, zu empfindsam, zu eingeengt, zu fremdbestimmt …

Ich fragte mich nun bereits seit einigen Jahren immer wieder nach dem Sinn des Arbeitslebens. Im tiefsten Inneren wollte ich einfach damit aufhören, täglich zur Arbeit zu fahren, nur weil es irgendwie von mir erwartet wurde.

Aber Moment mal:

> Wer setzt eigentlich die hohen Erwartungen in uns? Sind wir es am Ende nicht selbst, die glauben, einer subjektiven Gesellschaftsnorm entsprechen zu müssen?

Was würde mir passieren, wenn ich den Ausstieg aus der Tretmühle meines Angestelltendaseins wagen würde? Folgte dann der soziale Absturz?

Zweifel nagten an mir: Vielleicht sollte ich mich nur um einen anderen Job bewerben, und dort würde alles besser werden. Wäre die Selbstständigkeit wirklich ein so großes Risiko?

Erstellen Sie eine Liste mit allen Vor- und Nachteilen, die der Schritt in die Selbstständigkeit für Sie mit sich bringt

- Legen Sie sich diese Liste zu Hause an einen zentralen Ort, und ergänzen Sie sie, wenn Ihnen weitere Punkte einfallen.
- Können Sie eine deutliche Tendenz erkennen?
- Sobald Sie diese Frage mit einem klaren „Ja" beantworten können, erstellen Sie einen konkreten Zeitplan, und fokussieren Sie alle Ihre Kräfte auf Ihr Vorhaben.

Ganz gleich, ob es sich dabei zunächst um eine Änderung Ihrer Arbeitsbedingungen im Angestelltendasein oder um die Aufnahme einer selbstständigen Tätigkeit handelt.

2 Der Befreiungsschlag

„Du bist heute, wo deine Gedanken dich hingebracht haben, du wirst morgen dort sein, wo deine Gedanken dich hinbringen werden.“

(James Allen)

Ist Ihnen schon einmal aufgefallen, dass Ihre Gedanken enorme Kräfte besitzen?

Richten Sie Ihren Fokus auf etwas aus, führt der Gedanke daran Sie systematisch genau an diese Stelle.

Das Phänomen lässt sich sowohl in positiver als auch in negativer Entwicklung beobachten.

Ich kann Ihnen heute nicht mehr genau sagen, an welchem Punkt die Entscheidung fiel. Ich glaube, es war die Summe aus erlebten Situationen und der wiederkehrende Gedanke an die Selbstständigkeit.

Anfänglich war dieser Gedanke nur flüchtig und zumeist eine innere Trotzreaktion auf nervenaufreibende Situationen in meinem Job. Er flackerte kurz auf und löste sich wieder, so schnell, wie er gekommen war. Dann fühlte ich mich wie ein kleines Kind, das sich heimlich bereits auf Schatzsuche begeben hatte, obwohl diese absolut verboten war. Der bloße Gedanke daran gab mir eine eigenartige Ruhe und innere Gelassenheit. Im Laufe der Zeit verfestigte er sich. In meiner Gedankenwelt konnte ich vor meinem geistigen Auge ganz klar einen Weg erkennen, ich sah einen einladenden Büroraum in einem ansprechenden Gebäude. Nicht besonders groß, aber so, dass ich jederzeit Kunden zum Gespräch empfangen konnte … eine kleine Agentur für Marketing und Kommunikation, in der neben den inhaltlichen Marketingthemen vor allem die persönliche Kommunikation und die Nähe zum Kunden großgeschrieben werden. Seit Jahren stand nun die Frage nach dem „Warum?“ im Raum.

Ist ein Menschenleben nicht zu kurz, um sich jahrelang mit einer unliebsamen Arbeitsstelle selbst zu kasteien?

Sind wir am Ende nicht ausschließlich selbst in der Lage, uns aus einer unpassenden Arbeitssituation zu befreien?

Wichtig und besonders wertvoll war mir zu dieser Zeit der Zuspruch einiger geliebter Menschen, die mir immer wieder den Rücken stärkten und meine Bedenken zerstreuten. Menschen, die teilweise selbst bereits über Jahre hinweg die Selbstständigkeit lebten und liebten.

Es war an der Zeit, Schluss zu machen. Schluss mit dem Job!

Für mich war klar, dass ich mich nicht wieder auf die Suche nach einem anderen Job in Festanstellung machen würde. Zahlreiche Episoden und ein wiederkehrender Gedanke zeigten wie kleine Wegweiser allesamt in eine Richtung – Selbstständigkeit.

Spielen Sie immer mal wieder mit dem Gedanken, sich selbstständig zu machen?

- Nehmen Sie diese Gedanken ernst, und lassen Sie sich davon tragen.
- Ihre Gedankenkraft wird Sie automatisch voranbringen.

2.1 Innere Kündigung

Diese fiesen kleinen Hintergedanken hatten sich bereits nach knapp einem Jahr in meinem Job immer wieder breitgemacht.

Ich malte mir aus, was passieren würde, wenn ich meine Arbeitsergebnisse einmal nicht so akkurat und pünktlich liefern würde, um die Fehler und das unglückliche Zeitmanagement meines Chefs auszubügeln. Ich stellte mir vor, wie ich Herrn Troll am Telefon auch einmal laut anbrüllen und wie er aus allen Wolken fallen würde …

Ich begann, wie nach Stechuhr pünktlich um 17.00 Uhr meinen Feierabend zu machen. Morgens hingegen wurde es immer häufiger nach 8, ehe ich meinen Schreibtisch besetzte. Selbst wenn ich dort saß, erwischte ich mich selbst immer häufiger dabei, dass ich nicht meinen eigentlichen Aufgaben nachging. Kurzum: Ich erkannte mich selbst nicht mehr. Wieso wurde ich so nachlässig und konnte mich auf der Arbeit für nichts mehr begeistern?

Bis mir eines Abends bei einem gemeinsamen Essen im Gespräch mit einer Bekannten plötzlich klar wurde, dass ich innerlich schon lange gekündigt hatte.

Der natürliche lebensfreudige Antrieb kommt bei einer inneren Kündigung vollständig zum Erliegen.

Ich berichtete meiner Bekannten, dass es mir bereits morgens direkt nach dem Aufwachen vor meinem Arbeitstag graute. Sie tat meine Ausführungen mit einer wegwerfenden Handbewegung ab: „ … das gehört nun mal dazu. Für die meisten von uns ist es doch vollkommen normal, dass wir uns morgens auf Arbeit quälen. Da musst du einfach durch. Mach dir nicht so viele Gedanken darüber. Genieße die Zeit mit deiner Familie am Wochenende und in der Urlaubszeit."

Noch während sie sprach, wurde mir bewusst, dass ich damit angefangen hatte, mich selbst aufzugeben, und seit längerer Zeit keine Lebensfreude mehr empfand. Mach dir nicht so viele Gedanken darüber? Ich wollte mir aber Gedanken über mein Leben machen und hatte auch nicht die Absicht, damit aufzuhören. Der Rat befremdete mich so sehr, dass ich unter einem Vorwand recht schnell die Unterhaltung beendete und fast fluchtartig das Lokal verließ. Noch tagelang hallte das Gespräch in mir nach.

Ein inneres Gefühl der Rebellion macht sich gegen die Unzufriedenheit breit.

Ich würde jetzt erst recht damit anfangen, mir Gedanken zu machen. Gedanken darüber, welche konkreten nächsten Schritte ich plante, um meine Selbstständigkeit voranzutreiben. Gedanken, wie und wann ich genau mein Angestelltendasein beendete. Außerdem vereinbarte ich private Termine für die nächsten Wochen nur noch mit Menschen, die bereits in der Selbstständigkeit erfolgreich waren, und mit Querdenkern. Mit erstaunlichen Erkenntnissen, denn diese Gespräche bereicherten mich sehr und ermutigten mich weiter dazu, den Schritt zu tun. Ein Gespräch mit einem Freund ist mir in besonders guter Erinnerung geblieben. Er sagte zu mir: „Du bist jung, hast ein abgeschlossenes Studium und erste Berufserfahrung, du hast dich doch im Grunde deines Herzens schon längst für die Selbstständigkeit entschieden, und das ist gut so."

Nachdem ich selbst das Gefühl der inneren Kündigung einmal durchlebt habe und im Rückblick ziemlich genau weiß, wie verändert mein Verhalten in dieser Phase war, merke ich es bis heute Menschen sehr deutlich an, wenn sie bereits mit ihrem Job abgeschlossen haben, ohne dass dies den Kollegen oder Vorgesetzten auffällt. Häufig stecken sie inmitten großer Projekte und sind scheinbar tief verstrickt in wichtige unternehmerische Abläufe. Doch bei näherem Betrachten sitzen sie gedankenverloren in Besprechungen, halten immer häufiger vereinbarte Deadlines nicht ein und reagieren bei kleinsten Diskussionspunkten bis aufs Äußerste gereizt. Dieser Zustand ist vergleichbar mit Marionetten, die an unsichtbaren Fäden in vorgefertigten Kulissen eingesetzt werden.

Die Tragik daran ist: Sie erscheinen lebendig, aber ihre Geschicke werden von einem fremden Willen gesteuert, oft über viele Jahre hinweg.

Ist Ihnen bewusst geworden, dass Sie schon längst innerlich gekündigt haben?

- Suchen Sie das Gespräch mit Selbstständigen in Ihrem beruflichen oder privaten Umfeld.
- Dort finden Sie die passenden Ansprechpartner und Mentoren, die Sie aktiv unterstützen werden.

2.2 Tatsächliche Kündigung

Der Tag meiner Kündigung kam. Ich hatte sie von langer Hand über mehrere Wochen hinweg geplant und meine Ausführungen bis hin zu einzelnen Worten für das Kündigungsgespräch genauestens zurechtgelegt. Meine vertraglich vereinbarte Kündigungsfrist lag bei vier Wochen und war zum 15. oder mit Ablauf eines Kalendermonats möglich. Ich wählte für mich das „perfekte Timing" und bat meinen Chef zum Stichtag um ein Mitarbeitergespräch.

Von langer Hand geplante Kündigungsgespräche geben Sicherheit.

Bis heute bin ich mir nicht sicher, was er von der Unterredung erwartet hatte. Da aber die „Programmierer-Riege“ regelmäßig um Mitarbeitergespräche bat, um das monatliche Einkommen neu zu verhandeln, schien er von einem Gehaltsgespräch auszugehen. Als der Termin anstand, schlug mein Herz im Hals, und ich spürte wieder die verräterischen roten Flecken an meinem Hals, die meine Anspannung sichtbar verrieten. Mit wenigen Worten schilderte ich ihm sachlich meine Absichten. Äußerst bemüht, nicht emotional zu werden, weil ich über die Jahre die Erfahrung gewonnen hatte, dass mein Chef mit Abneigung und Abwehr gegen jegliche emotionale Regung seiner Mitarbeiter reagierte. Als ich mit meinen Ausführungen geendet hatte, war er sichtlich erschüttert. Das Vieraugengespräch und meine Kündigung hatten ihn eiskalt erwischt.

Ein sehr seltsamer Augenblick, denn er reagierte zunächst mit Schweigen. Ich glaube, es war wirklich der einzige Moment in unserer langen gesamten Zusammenarbeit, in dem er sprachlos war. Nachdem er sich gefasst hatte, zeigte er Emotionen – er war sichtlich gekränkt und ließ daran auch bei seinen folgenden verbalen Ausführungen keinen Zweifel.

Obwohl ich sonst immer sehr sensibel reagiere, berührte mich seine Verstimmung kaum. Es lag wohl daran, dass ich mich wirklich von langer Hand auf das Gespräch vorbereitet hatte und meine sensiblen Synapsen schon Tage vorher alle denkbaren Gesprächsverläufe und Reaktionen im Geiste durchgespielt hatten. Eine Kränkung durch den Umstand, dass nicht er einem seiner Mitarbeiter gekündigt hatte, sondern der Mitarbeiter selbstgewählt das Unternehmen verließ, war sehr wahrscheinlich gewesen.

Es ist befreiend, wenn die innere Kündigung nicht nur im Kopf herumspukt, sondern irgendwann tatsächlich ausgesprochen wird.

Es ist schwer in Worte zu fassen, wie leicht ich mich nach diesem Gespräch gefühlt habe. Es war, als hätte ich mich selbst mit einem Schlag eines über die Jahre angehäuften Ballasts entledigt. Ich hätte vor Freude die ganze Welt umarmen können. So gelöst hatte ich mich schon ewig nicht gefühlt. Mit der selbstgewählten Kündigung hatte ich aktiv eine Entscheidung getroffen, zu der ich mit voller Überzeugung und aus meinem tiefsten Inneren heraus gekommen war. Es war keine vorübergehende Flause.

Und da war sie plötzlich wieder – meine längst verloren geglaubte Lebenslust!

Es ist aufregend und erfüllend, mit Freude der eigenen Selbstständigkeit entgegenzugehen.

In den darauffolgenden Wochen schloss ich meine offenen To-dos ab und arbeitete meine „Nachfolgerin“ ein – die mir bereits am ersten Tag erklärte, was sie alles vollkommen anders machen würde. Von mir aus … herzlich gern!

An meinem letzten Arbeitstag nahm ich mir am Morgen noch einmal bewusst die Zeit, um dem Tropfen der Kaffeemaschine zu lauschen.

Früher versetzte mich dieser Moment in eine seltsame Mischung aus Melancholie und Sehnsucht nach Freiheit.

Heute empfand ich Euphorie und Tatendrang. Ich verabschiedete mich still von ihr und war froh, dass mich die vielen kleinen Augenblicke an diesem Ort dazu gebracht hatten, einen neuen Weg einzuschlagen.

Von meinen Kollegen erfuhr ich später, dass mein Chef in meiner Abwesenheit in einer Kaffeerunde alle Mitarbeiter von meiner Kündigung in Kenntnis gesetzt hatte, gefolgt von den Worten „Selbstständigkeit, das schafft die nie …, aber wir haben einen adäquaten Ersatz gefunden". Bemerkenswerterweise erzählten sie mir wenige Monate später auch, dass der „adäquate Ersatz" sich als unternehmensinterner „Super-GAU" inklusive Unterschlagung und wochenlangen Kleinkriegs entpuppt hatte. Mein ehemaliger Chef entschied sich schließlich, eine Sekretärin einzustellen, und übernahm alle leitenden Aufgaben inklusive aller Marketingaktivitäten lieber wieder selbst.

Kündigen Sie nicht übereilt aus einer Frustsituation heraus

- Planen Sie eine Kündigung Schritt für Schritt.
- Bereiten Sie Ihr Kündigungsgespräch mit dem Vorgesetzten in Ruhe vor und legen Sie sich die Worte genau zurecht, die Sie schon lange sagen wollen.
- Mit einer guten Gesprächsvorbereitung vermeiden Sie Blackouts, Unsachlichkeiten oder emotionale Ausbrüche.

2.3 Bewusstes Loslassen

Vor dem ersten „arbeitsfreien" Tag im Sinne eines fehlenden Angestelltenverhältnisses hatte ich großen Respekt. Ich erwachte nach einem erholsamen Schlaf und entschied, noch eine kleine Weile im Bett zu bleiben. Verschiedenste Gedankenkonstrukte entwickelten sich vor meinem geistigen Auge und ich verspürte plötzlich eine vollkommen neue Energie.

Es erschien mir an jenem Morgen unverständlich, wie ich so lange in dieser Schockstarre hatte verharren können. Ich fühlte mich auf eine besondere Art und Weise federleicht und befreit.

Der Augenblick des bewussten Loslassens erlaubt das Leben im Hier und Jetzt.

Alle Existenzängste und hohen Erwartungen an mich selbst waren wie weggewischt. Jeder, der diesen Zustand erreicht hat, weiß, wie gut er sich anfühlt. Mir war auf einmal vollkommen egal, was andere über mich dachten oder ob mir irgendjemand nicht zutraute, dass ich den Sprung in die Selbstständigkeit schaffte. Der Wunsch danach kam aus meinem Innersten. Er war da, und ich konnte es in aller Deutlichkeit spüren. Ich würde das Ganze anpacken – ganz ohne die inneren Kämpfe und die Zerrissenheit der vergangenen Jahre. Ich befand mich auf dem richtigen Weg!

Ab heute bin ich mein eigener Chef!

Mit allen positiven und negativen Konsequenzen – dessen war ich mir bewusst.

Ich streckte mich noch einmal in voller Länge und kam dann mit einem Schwung aus dem Bett. Ein angenehmes Kribbeln erfüllte mich, voller freudiger Erwartung und Aufregung, was alles auf mich zukommen würde.

Nach meinem heißgeliebten Morgenkaffee schaute ich aus dem Fenster und überlegte, wie ich es angehen würde. Es war vollkommen neu für mich, dass ich mir die Zeit nehmen konnte, um meine aktuelle Situation mental erfassen zu können. Bisher war ich um diese Uhrzeit immer auf die Arbeit oder zu irgendeinem Termin gehetzt, der mir von anderen vorgeschrieben worden war. Jetzt war es an der Zeit, den Moment der selbst gewählten Neuorientierung bewusst zu genießen und sich von vermeintlichen Ängsten um die Sicherheit meiner Zukunft zu lösen.

Bisher hatte immer jemand anderes die Verantwortung für mein Leben übernommen. Im Kindesalter waren es zunächst meine Eltern, später wurden die Hochschulprofessoren durch Vorgesetzte in der Arbeitswelt abgelöst. Ab heute lag die Verantwortung endlich bei mir selbst.

Der innere Antrieb ist seit diesem Tag immer in mir vorhanden. Er ist es auch, der mich, egal ob ich irgendwo im Grünen arbeite oder vor Ort bei einem Kunden sitze, nie faulenzen lässt. Ich selbst bin für mein Tun verantwortlich.

Ich konnte mich an diesem Tag von Zukunftsängsten befreien. Ich will Ihnen aber nichts vormachen:

Das Loslassen ist ein ständiger Prozess.

Aber es gibt viele gute Gründe, warum es sich lohnt, seinen ganz eigenen Weg zu gehen, abseits vom Arbeitnehmerleben mit einem geregelten Tagesablauf und dem scheinbar korrekten Plan vom Leben. Vor allem dann, wenn wir in unserem Inneren bereits so lange spüren, dass dieser vorgezeichnete Weg einfach nicht zu uns passt.

Viele Menschen erkennen ihren falschen Ehrgeiz und die fremddefinierten Karrierewege erst in der Mitte ihres langen Lebens. Gerade dann erfordert es viel Mut, den tief eingeschliffenen und vertrauten Lebensweg wirklich zu verlassen.

Ja, es ist eine gesunde Portion Mut notwendig, aber es zeigt sich immer wieder, dass dieser Mut belohnt wird und die Menschen, die sich bewusst für eine Selbstständigkeit entschieden haben, froh sind, sich zu ihrem ganz eigenen Leben entschlossen zu haben, anstatt das Leben eines oder einer anderen zu leben.

Im Übrigen scheinen diesen Eindruck auch wirtschaftspsychologische Studien zu bestätigen, die herausgefunden haben wollen, dass sogar Selbstständige, die häufig Überstunden machen, zufriedener mit ihrer Arbeit sind als Beschäftigte im klassischen Angestelltenverhältnis. Gründe dieses Umstands sehen die Studien darin, dass Selbstständige weniger Karriereunsicherheit erleben und bei allen ihren Entscheidungen selbstbestimmter und autonomer sind (Studie, 2015: Martin Obschonka und Rainer K. Silbereisen: A Study of Employed and Self-Employed Individuals. Journal of Personnel Psychology, 14 (1), Special Issue: New Approaches to Job Demands, 8-16).

Natürlich gibt es immer wieder auch Momente des Zweifels. Gerade als Sensibelchen neige ich zu melancholischen Phasen und beschäftige mich wiederholt mit der Frage nach dem „Warum“. Aber an diesem allerersten Tag meiner Unabhängigkeit konnte ich auch zum ersten Mal richtig loslassen, und mit diesem Loslassen öffnete sich ein neues Kapitel in meinem Leben – die Selbstständigkeit.

Lassen Sie sich bewusst Zeit, um das lange gewohnte Arbeitnehmerdasein loszulassen

- Genießen Sie den Moment, in dem Sie zum ersten Mal wirklich selbstständig sind.
- Er wird Ihnen immer in guter Erinnerung bleiben und in Phasen des Zweifels neue Zuversicht geben.

2.4 Vorbereitung der Existenzgründung

Zunächst musste die Recherchearbeit erledigt werden. Was gehörte alles zur Selbstständigkeit? Was musste ich rechtlich beachten? Sollte ich mich in der Übergangsphase arbeitslos melden? Welche Behördengänge waren zu erledigen? Gab es womöglich einen finanziellen Zuschuss zum Start?

Vollkommen anders als bisher gewohnt musste ich mich heute nicht kurz nach 7 auf den Weg zur Arbeit in ein stickiges Büro machen, um den ganzen Tag dort zu verharren. Ich zog mir etwas Bequemes an und platzierte dann den zweiten Kaffee sowie meinen Laptop auf den kleinen Klapptisch auf meinem Balkon. Seltsam: Die Sonne lachte heute scheinbar besonders hell. Weil wir gerade bei Sonnenschein sind: Haben Sie die entscheidenden Vorzüge von Sonne und WLAN bereits kennengelernt? Nein?

Sie können von überall aus arbeiten und sich von Ihrer Umgebung inspirieren lassen!

Ich recherchierte mehrere Stunden und war so vertieft in meine Arbeit, dass mich erst das verstimmte Grummeln meines Magens daran erinnerte, dass es an der Zeit war, eine Pause zu machen.

Ich hatte an diesem Vormittag jede Menge Infos zusammengetragen, darunter wertvolle Hinweise zur Erstellung eines Businessplans.

Der Businessplan sammelt alle Ideen und notwendigen Grundlagen für eine erfolgreiche Unternehmensgründung.

Klingt zunächst nach größerem bürokratischem Aufwand? Zugegeben, der Businessplan nimmt etwas Zeit in Anspruch, ist aber gerade in der Anfangsphase der Selbstständigkeit sehr hilfreich, denn das Geschäftskonzept liefert nicht nur für eventuelle Kreditgeber entscheidende Hinweise, sondern dient in erster Linie dazu, sich selbst der eigenen Geschäftsidee zu widmen und alle Bausteine wie Informationen rund um Gründerperson, eigentliche Geschäftsidee, Marktsituation und Wettbewerber, Marketing/Vertrieb, Rechtsform, aber auch Finanzplan inklusive Liquiditätsplan und Ertrags-/Rentabilitätsvorschau zusammenzutragen. Kurzum, er hilft Ihnen dabei, sich selbst und Ihre zukünftige Tätigkeit zu strukturieren. Keine Sorge, das klingt komplizierter, als es am Ende ist. Das Internet bietet hier eine unvorstellbare Menge an gut vorbereiteten Checklisten und Übersichten sowie Schritt-für-Schritt-Anleitungen zur Erstellung des eigenen Businessplans. Selbst Neu- und Quereinsteiger finden hier seriöse und aussagekräftige Unterstützung.

Bei meinen Recherchen konnte ich auch wichtige Details über Zuschüsse für eine Existenzgründung herausfinden. Im Übrigen ein weiterer Punkt, der die materiellen Existenzängste bei einer geplanten Selbstständigkeit zerstreut. Je mehr ich mich mit dem Thema beschäftigte, desto klarer wurde mir, dass es hier viele Möglichkeiten gab. Je nachdem welche Dienstleistung oder welches Produkt man in welchem Unternehmensrahmen anbieten wollte, gab es die unterschiedlichsten Varianten der Unterstützung.

Ich entschied mich zunächst, mich arbeitslos zu melden, um meine weiteren Schritte in Ruhe planen zu können. Dazu vereinbarte ich telefonisch gleich für den nächsten Tag einen Gesprächstermin in der für mich zuständigen „Agentur für Arbeit“. Eine folgenschwere Entscheidung, denn sie führte mein sensibles Wesen auf verworrene Behördenwege, die mich mehrfach an die Grenzen der Gereiztheit brachten und den altbekannten Fluchtgedanken weckten.

Prüfen Sie, welche Personen oder Institutionen zur Unterstützung Ihrer neuen Selbstständigkeit infrage kommen

- Oft gibt es diverse Optionen für eine finanzielle Unterstützung.
- Erstellen Sie einen Businessplan, in dem Sie alle Eckpunkte Ihrer geplanten Existenzgründung schriftlich festhalten. Er erleichtert es Ihnen, später immer wieder Ihre Ziele im Fokus zu behalten.

2.5 Verworrene Behördengänge

Pünktlich um 8 machte ich mich am nächsten Morgen auf den Weg. Ein großes Schild im Foyer wies mich darauf hin, dass hier von 7.30-12.30 Uhr „Kunden“ empfangen wurden. Meine anfängliche Euphorie war bereits im Eingangsbereich gänzlich verflogen.

Ich sollte vielleicht an dieser Stelle betonen, dass ich eine derartige „Agentur“ bisher noch nie betreten hatte.

Vollkommene Trostlosigkeit umgab mich. Meine feinen Antennen schlugen sofort Alarm. Bereits bei der Anmeldung fühlte ich mich wie ein „Mensch zweiter Klasse“. Ein Blick in die Gesichter der anderen „Kunden“ verriet mir, dass es ihnen wohl ähnlich ging. Ich konnte die unterschiedlichsten negativen Emotionen wahrnehmen, alle schwankten irgendwo zwischen Verzweiflung und Resignation. Sofort übertrugen sich die fremden Emotionen auf mich, und ich versuchte, die aufkeimenden Gefühle abzuschütteln, um mich auf meine eigenen zu konzentrieren.

Die eng beieinander stehenden Augen der Dame hinter dem Empfangstresen taxierten mich, als wäre ihnen gerade ein fremdartiges Insekt untergekommen. Diesem Blick folgte aus schmalen zusammengepressten Lippen ein verächtlich klingendes „Bitte, …" Die darauffolgende Stille zeigte mir, dass dieses Augenpaar an jenem Morgen wohl schon viele Menschen gesehen hatte und ein „Guten Morgen" nicht folgen würde. Ich schilderte der Dame in knappen Sätzen mein Anliegen. „Sie wollen sich also arbeitslos melden und suchen einen neuen Job? Oder sehen Sie die Selbstständigkeit wirklich als Alternative?" Sie offensichtlich nicht, aber ich bestätigte ihr kurz, dass ich mich gern zu den Möglichkeiten beraten lassen wollte und hierzu bereits telefonisch einen Termin vereinbart hatte.

Sie beschrieb mir den Weg zu Frau Blum, meiner neuen „Vermittlerin", und ihre eng stehenden Augen hefteten sich auf das nächste Opfer: „Bitte …"

Die euphorische Gründerstimmung und visionäre Ziele erhalten bei Behördengängen oftmals einen Dämpfer.

Ich folgte einem langen Gang, und mit dem Blick in die vorbeiziehenden Zimmer fragte ich mich, wie Menschen auf so engem Raum zusammenarbeiten konnten. Noch dazu, wenn jeder sich irgendwie in Form von einem scheinbar wild zusammengewürfelten Wirrwarr aus Zimmerpflanzen und Kaffeetassen selbst einbrachte.

Zimmer 143. Angekommen. Auf mein Klopfen folgte zunächst Stille, dann wurde die Tür von einer adretten Dame aufgeworfen. „Guten Morgen, zu wem möchten Sie, bitte?“ Als ich ihr kurz erklärt hatte, dass ich einen Termin bei Frau Blum habe, wechselte sie einen skeptischen Blick mit ihrer Zimmerkollegin. „Ja, das bin ich, aber da muss bei der Vereinbarung des Termins irgendetwas schief gelaufen sein, denn ich muss jetzt erst einmal in eine Besprechung. Ich möchte Sie bitten, hier zu warten.“ Mit diesen Worten rauschte sie auch schon auf ihren kleinen Absätzen geräuschvoll davon. Dicht gefolgt von ihrer Kollegin, die geschäftig das Zimmer abschloss, um sich dann ebenso auf den Weg in die „Besprechung“ zu machen. Die beiden Damen verschwanden wenige Türen weiter in einem Raum, der offenbar bereits gut besucht war. Ein Durcheinander an weiblichen Stimmen war zu vernehmen.

Da Frau Blums Kollegin so freundlich war, die Tür offen zu lassen, war ich unfreiwillig als stille Zuhörerin beteiligt. Ich vernahm unterschiedliche Gespräche über aktuelle Mode, die neusten Backrezepte und wie die Wochenendplanung sich wohl gestalten würde. Begleitet wurde die „Besprechung“ von leisem Kaffeetassenklirren.

Bereits in der Phase der Existenzgründung kollidieren die Vorstellungen Selbstständiger oft mit starren Systemvorgaben und veralteten Arbeitsmethoden.

Die Minuten vergingen langsam, und ich fragte mich, was ich in dieser Zeit, in der ich hier nichts tuend auf das Ende einer wichtigen „Besprechung“ wartete, alles hätte bewerkstelligen können. Es ist in Ordnung, wenn man in dem Glauben gelassen wird, dass der Gesprächspartner gerade woanders in einem Termin sitzt. Wenn man aber genau weiß, dass es sich dabei nur um eine Ausrede handelt, um in Ruhe die Kaffeepause genießen zu können … Mir kochte das Blut bereits in den Adern, als Frau Blum sich nach rund 20 Minuten endlich wieder in Gang setzte und ihr Büro aufschloss. Jetzt konnte es ja endlich losgehen …

Ich bin mir nicht sicher, ob die Mitarbeiter dieser „Arbeitsagentur" alle ein und dieselbe Schulung zum Thema „Wie lasse ich den Kunden spüren, dass er mich nervt …" hatten. Aber auch Frau Blum versprühte diese abschätzige und gelangweilte Art. Sie öffnete zunächst in aller Ruhe das Programm zur Erfassung meiner „Kundendaten" auf ihrem PC. Ich nehme an, die nordamerikanischen Indianer hatten ihre Infos vor Urzeiten schneller per Rauchzeichen weitergegeben.

Währenddessen hatte ich jede Menge Zeit, mir die Frau genauer anzusehen. Ich fragte mich, ob es irgendetwas gab, was sie in Begeisterung versetzen konnte. In dieser sterilen Umgebung war das schwer vorstellbar. Sie begann ihre Datenerfassung und war nach Name und Adressdaten schnell damit am Ende.

Meine Ausbildung zur Diplom-Kauffrau und die anschließende Arbeit als Marketingleiterin wollten einfach nicht in ihre vorgefertigte Programmschablone passen.

Kennen Sie diese Endlosschleifen-Gespräche? In denen Ihnen bereits am Anfang des Gesprächs klar ist, dass selbst durch Tanz und Gesang mimisch und gestisch untermalte

Ausführungen beim Empfänger nicht verarbeitet werden können. In ebensolch einem Gespräch war ich gerade gefangen. „Wie würden Sie Ihre Kenntnisse im Bereich Rechnungswesen einschätzen? Sind Sie sicher im Umgang mit Excel ...“ Ich erklärte ihr noch einmal, dass ich ein betriebswirtschaftliches Studium absolviert hatte und diese Themen selbstverständlich enthalten waren, mein Schwerpunkt aber augenblicklich im Bereich Marketing lag. Insbesondere betonte ich noch einmal, dass ich meine Existenzgründung plante.

Beim Empfänger einer Nachricht kommt die Botschaft des Senders nicht immer wie gewünscht an.

Ich hätte mich genauso gut mit der Topfpflanze auf Frau Blums Schreibtisch unterhalten können. Sie ignorierte meinen Einwand vollständig und fuhr mit ihrer Befragung fort. Nach rund 15 Minuten verkündete sie stolz: „So das hätten wir. Sie sind jetzt in unserer Datenbank gespeichert, und gleich zeigt mir das Programm vakante Stellenausschreibungen für Sie an. Oh, sehen Sie, da ist bereits die erste Anzeige, eine freie Stelle als Controllerin, gleich hier um die Ecke ...“

Ich versuchte es noch einmal und erklärte ihr meine Wissensschwerpunkte und meinen Wunsch nach Selbstständigkeit. Darüber hinaus erfragte ich, welche Möglichkeiten der Unterstützung es für Existenzgründer geben könnte.

Ihre Antwort war exotisch, denn sie schien nicht so recht zu meinen Fragen zu passen. „Frau Tissot, Sie müssen schon etwas Geduld haben. Sie melden sich heute gerade arbeitslos. Aus der Arbeitslosigkeit heraus gibt es dann Fördermöglichkeiten für eine Selbstständigkeit. Jetzt schauen wir erst einmal, ob wir etwas Passendes für Sie finden. Wenn Sie eine Zeit lang arbeitslos waren und sich erfolglos um Stellen bemüht haben, können Sie den Gedanken mit der Existenzgründung immer noch aufgreifen. Sie erhalten dann auch einen Gründungszuschuss. Hierfür müssten Sie einen IHK-Existenzgründerkurs besuchen und einen Businessplan für Ihre Geschäftsidee verfassen. Stellen Sie sich das mal nicht so einfach vor …"

Ich hatte mich vorher zum Thema sachkundig gemacht, ich wusste, dass ich Frau Blum als „Vermittlerin" für den ersten Schritt in die Selbstständigkeit brauchte, wenn ich nicht vollkommen ohne Gründungszuschuss auskommen wollte. Ich beschloss, meine Strategie zu ändern, und willigte ein. Ich versicherte ihr, dass ich die Stellenangebote, die in den nächsten Tagen bei mir eingingen, genau prüfen und mich gleichzeitig an die Erstellung eines Businessplans für mein Unternehmen machen würde. Allerdings maximal 15 Stunden die Woche – denn Vorschrift ist Vorschrift in Deutschland, und mehr darf man vor Gründung an Zeit für sein zukünftiges Unternehmen nicht investieren.

> Manche behördlichen Spielregeln auf dem Weg zur Selbstständigkeit folgen keiner Logik und sind für den gesunden Menschenverstand unergründlich.

Ich fragte mich, wie Frau Blum das zwischen ihren „Kaffeebesprechungen" kontrollieren wollte. Am Ende des Gesprächs bat ich sie, mir Termine zuzusenden, an denen eine Teilnahme am IHK-Existenzgründungskurs möglich wäre.

Als ich nach knapp zwei Stunden endlich wieder in das Sonnenlicht trat, fühlte ich mich, als wäre ich einen Marathon gelaufen. Aber ganz gleich, wie groß mein Drang nach Selbstverwirklichung gerade war – ich musste mir eingestehen, dass mein Weg momentan nicht an Frau Blum vorbeiging. Ich stellte mir einfach vor, dass sie die erste anstrengende Kundin meines neuen Unternehmens war. Sie galt es so für meine Sache zu gewinnen, dass ich mit einer kleinen finanziellen Unterstützung starten konnte.

In den nächsten Tagen arbeitete ich fieberhaft an meinem Businessplan. Ich analysierte Markt und Wettbewerber, ging die mögliche Unternehmensstrategie und den denkbaren Marketingmix durch. Aufgrund meines Studiums fiel mir das recht leicht und ich kam gut voran. Schwer tat ich mich mit dem Finanzplan. Über Jahre im Voraus planen, was bei einer Geschäftsidee rauskommt? Mein finanzielles Risiko in der Gründungsphase war auf jeden Fall gering, denn ich konnte zunächst vom Schreibtisch zu Hause aus arbeiten, und Anschaffungskosten für Erstausstattung etc. waren minimal. Im Grunde konnte ich ohne großen Aufwand direkt starten.

Parallel zu meinen Bemühungen flatterten nun fast täglich Briefe aus der Agentur für Arbeit ins Haus. Es war alles dabei, was der Arbeitsmarkt gerade zu bieten hat: Consultant (m/w) (Betriebswirt/in) für Versicherung, Mitarbeiter Betriebscontrolling (m/w) für ein Handwerksunternehmen, (Junior-)Produktmanager (m/w) für ein Reiseunternehmen oder Projektmanager Logistik (m/w) für einen Großkonzern. Mein persönlicher Favorit war das Stellenangebot als leitende/r Betriebswirt/in im Bereich Rechnungswesen im Airport Center eines großen Flughafens. Genauso gut hätten sie meine Fähigkeiten als KFZ-Meister für eine Autowerkstatt abfragen können. Bei meinen nächsten Telefonaten mit Frau Blum fand ich für jedes Angebot die passenden Ablehnungskriterien, zwei Wochen lang … Sie war hörbar genervt und versicherte mir, dass die wenigsten ihrer „Kunden" so viele potenzielle Jobs zur Auswahl hätten. In der darauffolgenden Woche fand ich im Briefkasten wieder einen grauen Brief von der Agentur für Arbeit; dieses Mal mit einem Terminvorschlag für den IHK-Existenzgründerkurs. Frau Blum hatte verstanden und ich mein Vorhaben ein Stück vorangebracht.

Die bürokratischen Anstrengungen für Zuschüsse sind nervenaufreibend – führen aber Schritt für Schritt zum Ziel.

Wie eine werdende Mutter, die alle Vorbereitungen bis ins Detail plante und den Tag der Geburt herbeisehnte. Ich schlief nachts gut, wachte morgens erholt auf und machte mich ohne äußeren Druck an die Arbeit. Es war ein euphorisierendes Gefühl, sich selbst etwas zu erschaffen.

Vorbei waren die Zeiten, in denen sich eine strenge Linie zwischen Arbeits- und Privatleben zog. Ich hatte auch in meiner Freizeit Inspirationen und Kontakte, die ich in mein neues Unternehmen einbringen wollte.

Wie so häufig in Momenten des Umbruchs wird auch irgendwann das Umfeld auf die Veränderung aufmerksam. Von Freunden erfuhr ich, dass in der Nachbarschaft bereits aufgefallen war, dass ich das Haus nicht mehr zu geregelten Zeiten verließ. Konnte sie es sich plötzlich leisten, nicht mehr arbeiten zu gehen?

Nein – sie führte nur ein selbstbestimmtes Leben! Genau das war es, was mich sehr glücklich machte. Ich selbst traf die Entscheidungen und gestaltete meine Zukunft. Ein wunderbarer Zustand, der meinem hochsensiblen Wesen entsprach und mir auch die notwendigen Ruhephasen einräumte.

Der IHK-Existenzgründerkurs dauerte 3 Tage von 9.00 – 17.00 Uhr, und es fühlte sich an wie die langweiligsten Schulunterrichtsstunden, die mir in Erinnerung geblieben sind. Ich betrat den Raum, in dem Tische wie Schulbänke angeordnet waren, an denen hier und da bereits jemand saß. Der Raum füllte sich, und pünktlich 9.00 Uhr erschien der Kursleiter. Er stellte sich als zertifizierter IHK-Seminarleiter mit jahrelanger Berufserfahrung vor. Dann folgte die Vorstellungsrunde der Kursteilnehmer. Eine bunte Mischung aus Männern und Frauen, die sich mit einer Kfz-Werkstatt, einer Schneiderei für Babykleidung, einem Nagelstudio und diversen anderen Geschäftsideen in die Existenzgründung wagten. Als Letztes war ich an der Reihe: „Mein Name ist Sandra Tissot, und ich möchte mich nach meinem Betriebswirtschaftsstudium und mehreren Jahren Berufserfahrung mit einer eigenen Marketingagentur selbstständig machen, der Schwerpunkt wird im Onlinemarketing liegen.“ Als ich geendet hatte, sah ich alle Augenpaare im Zimmer auf mich gerichtet, einschließlich des Kursleiters, der passend zu seinem fragendem Blick jetzt auch nachhakte: „Sie haben Betriebswirtschaftslehre studiert? Was machen Sie hier in diesem Kurs? Um ehrlich zu sein, ich habe kein Studium absolviert, ich glaube nicht, dass Sie hier etwas lernen können. Es geht in diesem Seminar um die absoluten Grundlagen. Wer kam den auf die Idee, Sie hierher zu schicken?"

Ich erklärte ihm, dass meine „Vermittlerin" mir den IHK-Existenzgründerkurs nahegelegt hatte, um das benötigte Zertifikat für meinen Businessplan und den damit verbundenen Gründerzuschuss zu erhalten. Damit gab er sich zufrieden.

Erst viel später erfuhr ich, dass die Bestätigung der Tragfähigkeit meines Businessplans auch durch einen Steuerberater oder Existenzgründerverein hätte vorgenommen werden können.

Leider behielt der Kursleiter recht, das Seminar bot mir keinerlei neue Informationen. Ich empfand es als sehr anstrengend, dass er sich die ersten beiden Tage damit beschäftigte, die angehenden Existenzgründer immer wieder mit Fragen zu quälen, die alle darauf abzielten, ob sie überhaupt in der Lage waren, selbstständig tätig zu sein. Meiner Einschätzung nach waren sicher einige dabei, die das Ganze zu blauäugig sahen. Aber es war deutlich zu spüren, dass alle hochmotiviert ans Werk gingen.

In den Pausen kamen die Teilnehmer zusammen, und immer wieder bemerkte ich die Anerkennung der anderen. Alles, was ich bisher als selbstverständlich empfunden hatte, wurde hier auf eine besondere Art gewürdigt. Verstohlen fragte mich eine Frau, ob ich vielleicht bei Gelegenheit einmal ihren Businessplan anschauen könnte. Ich fühlte mich ein wenig wie der berühmte „Einäugige unter den Blinden". Sicherlich hatte ich in der Theorie vielleicht schon mehr über Unternehmen, deren Aufbau, Marktstrategien etc. gehört. Aber ich war ein blutiger Anfänger.

Frische und dynamische Ideen durch den IHK-Kursleiter – Fehlanzeige. Er arbeitete sich im Verlauf des Kurses strikt durch ein in die Jahre gekommenes Manuskript, bei dem ich das Gefühl nicht loswurde, dass es durch jemand anderen erstellt worden war. Er wurde an diversen Stellen unsicher, obwohl er diesen Kurs sicher schon ein Dutzend Mal in exakt der gleichen Weise vorgetragen hatte. Der Begriff „Vortrag" traf den Kern, denn es war alles andere als ein Seminar mit Interaktion. Immer wieder band er mich in seine Ausführungen ein und befragte mich, ob ich das ebenso sehe. Ich empfand das als unangenehm und befremdlich, denn ich wollte gern unauffällig bleiben und einfach nur ein unsichtbarer Teil der Seminargruppe sein. Obwohl der Kurs täglich bis 17.00 Uhr angesetzt war, beendete der Kursleiter seine Ausführungen drei Tage lang immer bereits gegen 15.00 Uhr – jedes Mal mit einer anderen Ausrede. Mir war es recht, und ich war dankbar, als die Zeit überstanden war.

Das Prozedere um die Prüfung des Businessplans sowie den Gründerzuschuss zog sich noch über Wochen hin. Umso glücklicher war ich, als ich endlich den lang ersehnten Brief für die Bewilligung des Gründungszuschusses in den Händen hielt. Mit einer Starthilfe konnte ich die nächsten Monate in Ruhe Pläne schmieden, Kontakte knüpfen und Netzwerke aufbauen.

Bewahren Sie bei Behördengängen die Ruhe und versuchen Sie, trotz großer Reizüberflutung und scheinbar unlogischen Abfolgen nicht die Nerven zu verlieren.

- Sie werden mit Ihrer sensiblen Ader den Weg bis zur beruflichen Selbstständigkeit oft als besonders mühselig empfinden.
- Planen Sie genügend Zeit für Behördengänge ein.
- Erstellen Sie eine Übersicht mit staatlichen Angeboten und Zuschussmöglichkeiten, die für Sie infrage kommen.

2.6 Eigenes Unternehmen

Heute wollte ich meine Gewerbeanmeldung vornehmen. Mein Weg führte mich ins kleinstädtische Gewerbeamt. Sofort wurde ich mir meiner Fähigkeit bewusst, die mich dank feiner Nase seit meiner frühesten Kindheit Gerüche besonders intensiv wahrnehmen ließ. Der Geruch, der mir hier entgegenschlug, erinnerte mich an Bibliotheken mit uralten Holzregalen. Nur dass den Räumlichkeiten des Gewerbeamts jeglicher historische Charme fehlte, ebenso wie dem hageren Mann mit schütterem Haar und Nickelbrille hinter dem Tresen. Ich dachte schon, Frau Blum im Arbeitsamt war langsam, aber dieser Herr hier sprengte jegliche Vorstellungskraft. Seine Finger schienen nach dem Zwei-Finger-

Suchsystem in Zeitlupe auf die Tastatur zu fallen. Für mich war es unbegreiflich, wie jemand überhaupt diesen Job machen konnte. Noch unverständlicher war es für mich, dass die Stelle nicht von jemandem besetzt war, der zumindest des 10-Finger-Systems mächtig war. Ich hatte also gerade jede Menge Zeit – viel Zeit …

Ich blickte mich um und entdeckte an der kargen, mit weißer Raufasertapete beklebten Wand hinter ihm einen Kalender. Einer von der Sorte, an dem der aktuelle Tag mit einem roten Schieberegler markiert wurde. Ich habe keine Ahnung, wer diese Teile erfunden hat, aber mir war klar, welche Zielgruppe damit erreicht werden sollte. Exakt dieser Herr, der mir gegenüber als Amtsschimmel im Schneckentempo arbeitete und der offenbar die Zeit und die Nerven besaß, jeden Tag das kleine rote Plastikkästchen auf das richtige Datum zu setzen.

Humor und ein gewisses Maß an Gelassenheit machen manche Situation erträglicher.

Ich musste mir ein Lächeln verkneifen, denn in diesem Augenblick hatte er gerade meinen Namen und meine Adresse vollständig erfasst. Leider hatte das Formular noch ein paar Seiten, und die Zeit tropfte langsam vor sich hin. Dieser Moment wird mir allerdings immer in Erinnerung bleiben, denn am Ende der nur scheinbar unendlichen Prozedur hielt ich meinen Gewerbeschein in den Händen! Es war vollbracht und ich konnte loslegen. Beschwingt und immer noch belustigt von dem Herrn mit dem Plastikschieber-Kalender fuhr ich nach Hause.

Überdenken Sie bereits im Vorfeld, welche Angaben Ihr Gewerbeschein umfassen soll, denn er beschreibt den zukünftigen Geschäftsinhalt.

Genießen Sie an dieser Stelle trotz Bürokratie den individuellen und unvergesslichen Moment, in dem Sie Ihren Gewerbeschein endlich in den Händen halten oder die freiberufliche Arbeit beim Finanzamt angemeldet ist.

2.7 Erste selbstständige Schritte

Es konnte losgehen. Doch wo anfangen, wenn man frisch in die Selbstständigkeit gestartet ist?

Ich beschloss, zunächst meine bereits bestehenden Kontakte zu nutzen.

Fürs Erste konzentrierte ich mich auf die Eigenvermarktung. Von meinem früheren Arbeitskollegen aus der Grafikabteilung wusste ich, dass er ansprechende Webseitendesigns erstellen konnte. Bei einem kurzen Besuch und gemeinsamen Kaffee besprachen wir die Optik der Seite sowie ein mögliches Layout für Visitenkarten und Geschäftspapier. Er erstellte mir innerhalb weniger Tage ein Webdesign, das ich von einem befreundeten Programmierer zum kleinen Preis umsetzen und hosten ließ.

Das Layout der Visitenkarten und Geschäftspapiere konnte ich mit meinen Grundkenntnissen im Bereich Photoshop einfach nutzen und via Onlinedruckerei kostengünstig drucken lassen.

Als Sensibelchen fiel es mir immer schwer, andere um etwas zu bitten. Es war mir regelrecht unangenehm. Doch in den ersten Tagen meiner Selbstständigkeit wurde mir deutlich, wie viele unterschiedliche Menschen ich im Grunde bereits kannte und wie einfach und gleichzeitig effizient es war, sie offen über meine Pläne in Kenntnis zu setzen.

Transparente und ehrliche Kommunikation öffnet viele Türen automatisch und sorgt für Unterstützung an den Stellen, wo sie gebraucht wird.

Kaum erzählte ich unmissverständlich, was ich gerade dringend benötigte, schon erhielt ich Unterstützung. Gleiches galt für die ersten Aufträge. Diese kamen über Freunde oder Bekannte, die gern auch meine Visitenkarten an ihnen bekannte Personen weitergaben.

Hier gab es für mich allerdings den wiederkehrenden Stolperstein des Erstkontakts mit mir fremden Menschen. Wenn Sie selbst eher introvertiert sind, kennen Sie dieses Problem wahrscheinlich ebenfalls seit ihrer frühesten Kindheit. Wie ein roter Faden zieht sich diese Eigenschaft durchs Leben und beginnt meist schon im Kindergarten bei der „Eingewöhnung“. Es kostete mich immer wieder große Überwindung, den ersten Kontakt mit Kunden herzustellen.

Der persönliche Erstkontakt mit Kunden erfordert gerade bei sensiblen Menschen ein Höchstmaß an Konzentration, um mit einem authentischen „Selbstmarketing“ überzeugen zu können.

Immer wieder erwacht in mir dann der Fluchtgedanke. Es gibt dafür im Grunde keine wirklich logische Erklärung. Es ist vielmehr die Flut an Worten, Informationen und übermittelten Emotionen, die ein Erstkontakt mit sich bringt, die mich häufig überfordert.

Darüber hinaus erfordert der Erstkontakt immer, dass man die passenden Worte findet, um die eigenen Dienstleistungen zu präsentieren. Im Laufe der Zeit habe ich mich damit arrangiert, dass die Selbstständigkeit natürlich ein gewisses Maß an neuen Kontakten erfordert, bei denen der erste persönliche Termin dazugehört. Ich muss allerdings zugeben, dass dieser Teil der Selbstständigkeit bis heute eher zu meinen unliebsamen Aufgaben gehört, obwohl die Ergebnisse der Erstkontakte meist sehr positiv waren und ich innerhalb weniger Wochen bereits verschiedene erste Aufträge bearbeiten konnte.

Als Existenzgründer war ich hier nicht übertrieben wählerisch. So nahm ich auch einen monatlichen Auftrag entgegen, bei dem es sich um die Einpflege von Bildern und Inhalten in einen Webshop handelte. Die Termine bei diesem Kunden brachten mich allerdings regelmäßig an den Rand der Verzweiflung.

Ein älterer Herr mit rundem Gesicht, der wirklich herzlich war, aber wenig Vorstellungskraft für alle Belange des Internets hatte. So bat er mich in einem unserer Gespräche: „Frau Tissot, ich habe hier eine Reihe von Bildern, leider sind die etwas klein. Können Sie die bitte so bearbeiten und groß ziehen, dass wir eine deutliche Darstellung davon im Onlineshop haben?“ Nein, konnte ich natürlich nicht. Ich besaß keine Zauberkräfte, die mich in die Lage versetzten, verpixelte kleine Bilder in hochauflösende Großformate zu verwandeln.

Im Übrigen eine echte Marktlücke – wie ich auch meinem Kunden auf freundliche Art und Weise vermittelte.

Gegenseitiges Verständnis und empathisches Miteinander erhöhen die Qualität der Zusammenarbeit.

Es dauerte etwas, aber irgendwann verstand er, und wir einigten uns auf einen Fotografen, der seine Produkte nicht nur ins rechte Licht rückte, sondern für den Onlineshop auch Bilder erstellte, die eine hohe Auflösung hatten und Details erkennen ließen.

Im Laufe der Wochen entwickelte sich dann der Onlineshop, und auf dem freundlichen runden Gesicht des Kunden zeichnete sich immer häufiger ein breites Lächeln ab. Es war sehr, sehr schön, ihm dabei zuzusehen, wie er vollauf zufrieden war und sein neues Onlinegeschäft begann, sich gut zu entwickeln.

Zufriedene Kunden machen glücklich.

Es gab auch mir ein inneres Gefühl der Zufriedenheit. Diese Empfindung trat in den darauffolgenden ersten Wochen meiner Selbstständigkeit immer häufiger zutage.

Es bereitete mir große Freude, mit den verschiedensten Menschen an ganz unterschiedlichen Visionen zu arbeiten. Wie von Geisterhand ergaben sich immer wieder neue Kontakte, und die Menschen schienen immer zum genau richtigen Zeitpunkt aufzutauchen. Es gab interessante und auch sehr witzige Augenblicke.

Ein Moment ist mir ganz besonders in Erinnerung geblieben. Ich werkelte gerade an den Inhalten meiner eigenen Webpräsenz, als mein Telefon klingelte. Aus Gewohnheit warf ich zunächst einen Blick auf die Nummer. Sie war mir nur allzu bekannt, da ich sie jahrelang täglich auf dem Display meines Telefons gesehen hatte. Es war mein ehemaliger Chef.

Er meldete sich etwas umständlich und ging zunächst in Small Talk über. Sehr ungewöhnlich für ihn, da er als mein Vorgesetzter früher darauf vollständig verzichtet hatte. Dann kam er zum eigentlichen Grund seines Anrufs:

„Du, sag mal, beschäftigst du dich auch mit strategischer Planung? Ich trage mich schon länger mit dem Gedanken, mal eine SWOT-Analyse machen zu lassen. Für den Check unserer Stärken, Schwächen verbunden mit Chancen und Risiken bist du doch genau die richtige Person. Du kennst doch auch die internen Gegebenheiten bei uns genau."

Nachdem er mir weitere Details erklärt hatte, willigte ich überrascht ein, den Auftrag anzunehmen. Es folgte in den kommenden Wochen eine positive Zusammenarbeit, die ich so in den Jahren zuvor nie mit ihm erlebt hatte.

Plötzlich schien er mich auf Augenhöhe wahrzunehmen, das war mir in der Zeit als seine Mitarbeiterin nie gelungen. Wir waren beide über unseren Schatten gesprungen und brachten den Auftrag zu einem guten Ergebnis. So wunderbar konnte also das selbstständige Arbeiten für mich sein.

Der Groll, den ich aus früheren Tagen hegte, war vollkommen verflogen.

Sich selbst und anderen verzeihen macht uns stärker.

Nachdem ich mein bestehendes Netzwerk in verschiedene Richtungen aktiviert hatte, wollte ich damit beginnen, neue Kontakte zu knüpfen. Für mich bis heute eine der größten Herausforderungen überhaupt.

Ich möchte nicht wissen, wie viele Gelegenheiten mir seit meiner Kindheit entgangen sind, weil ich einfach immer zu schüchtern war. Im Laufe der Jahre war ich stetig bemüht, diese Schüchternheit abzulegen, und einem Außenstehenden würde sie heute vielleicht nicht mehr sofort auffallen. Aber sie ist immer noch da.

Während andere Menschen begeistert stundenlang von ihrer tollen Geschäftsidee erzählen können und somit automatisch Interessenten in ihren Bann ziehen, stockt mir wie bei den Referaten in der Schulzeit noch heute der Atem, wenn ich Fremden von meinem Dienstleistungsangebot erzählen soll.

Einerseits liebte meine sensible Natur die Abwechslung, andererseits brachte mich der Umgang mit fremden Menschen schnell an meine Grenzen.

Ich begann, meine Fühler über einige Online-Businessnetzwerke wie z.B. XING und LinkedIn auszustrecken. Wunderbar, hier konnte ich Anfragen in Ruhe beantworten und musste der entsprechenden Person nicht live gegenübertreten. Natürlich hielt dieser Zustand nicht lange an. Selbstverständlich wollten sich potenzielle Auftraggeber zu Telefonterminen, Skype-Konferenzen und persönlichen Gesprächsterminen verabreden. Es folgten auch diverse Einladungen zu Messen und Veranstaltungen. Viele Einladungen nahm ich auch an. Jedes Mal, wenn ich wieder einen Termin gemeistert hatte, war es wie ein kleiner Triumph über meine eigene Schwäche.

Ich muss aber gestehen, dass ich bis heute alle persönlichen Termine vorher genau abwäge. Ich vereinbare sie in solchen Abständen, dass sie mich nicht in einer Art Endlosschleife in Stress versetzen. Darüber hinaus plane ich bewusst Ruhetage ein, an denen ich in meine Arbeit vertieft am Schreibtisch sitzen kann.

In der Anfangszeit meiner Selbstständigkeit wurde mir auch schnell klar, dass ein Anruf sowohl bei mir als auch bei meinen Kunden oft ungelegen kam. Sicher kennen Sie auch die Situation: Sie sind in Ihre Arbeit vertieft, plötzlich klingelt das Telefon, und die Person am anderen Ende der Leitung hat ein Anliegen, das Sie vollkommen aus Ihrem Konzept bringt. Nur eine kleine Verzögerung, die sich aber im Laufe des Tages mehrfach wiederholt, sodass Sie am Ende des Tages manchmal feststellen müssen, dass Sie Ihr eigentliches Arbeitsziel für heute einfach nicht geschafft haben.

Gutes Zeitmanagement braucht eine sinnvolle Terminabstimmung.

Aus diesem Grund habe ich bereits in der Anfangsphase meiner Selbstständigkeit damit begonnen, auch Telefontermine vorab zu planen. Gerade wenn ich mehrere Informationen von einem Kunden abfragen musste, vereinbarte ich vorab per Mail einen Gesprächstermin. Bis auf wenige Ausnahmen waren die Reaktionen darauf durchweg positiv. Ich raubte meinen Kunden nicht unplanmäßig ihre Zeit, und im Gegenzug schaffte ich mir immer mehr Freiräume, in denen ich ungestört arbeiten oder gezielt Telefonate oder persönliche Gespräche führen konnte.

Innerhalb von wenigen Monaten hatte ich mir mit bestehenden und neuen Kontakten ein abwechslungsreiches Netzwerk aufgebaut.

Die ersten positiven Feedbacks meiner Kunden, die sich zufrieden über meine Arbeit äußerten, stimmten mich freudig. Lob und Anerkennung gepaart mit dem Gefühl, etwas Eigenes geschaffen zu haben, waren überwältigend.

Eigene Konzepte und Entwicklungen und mein selbstverantwortliches Arbeiten führten dazu, dass ich mir etwas schaffen konnte, auf das ich ganz für mich selbst stolz sein konnte.

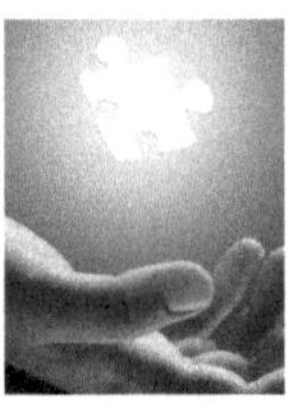

Ein abwechslungsreiches Netzwerk aus bestehenden und neuen Kontakten führt Sie immer wieder zu den richtigen Menschen.

- An Stellen, wo scheinbar gar nichts vorwärtsgeht, ist es sinnvoll abzuwarten. Auch wenn es schwerfällt, oft wird erst viel später deutlich, warum es sich gelohnt hat zu warten.
- Nehmen Sie Lob für Ihre Arbeit an, und belohnen Sie sich immer wieder einmal selbst dafür, wenn Sie eine Aufgabe erfolgreich abgeschlossen haben.

2.8 Fazit

Der Schritt in die Selbstständigkeit war für mich ein Befreiungsschlag. Meine Gedanken hatten eine neue Realität erschaffen und mich an die Position geführt, an der ich mich nun eigenverantwortlich bewegte.

Immer wieder werde ich von den Menschen aus meinem Umfeld aus den unterschiedlichsten Beweggründen heraus gefragt, wie ich es geschafft habe, mich aus dem klassischen Arbeitnehmerverhältnis loszureißen.

Die Antwort darauf ist recht simpel: Mir war die Sinnlosigkeit meines Arbeitnehmerdaseins bewusst geworden. Mit diesem Bewusstsein war mir nichts anderes möglich als – loszulassen. Spätestens an dem Tag, an dem ich mir meiner eigenen abweisenden Haltung und meiner „inneren Kündigung" klar geworden bin, gab es kein Zurück mehr.

> Wenn sich eine Türe schließt, öffnet sich eine neue; den Entschluss hindurchzugehen, muss jeder für sich selbst fassen.

Ich hatte eine Türe geschlossen, um eine neue Türe zu passieren und einen neuen Lebensabschnitt betreten zu können. Ich hatte dafür keinen vorgefertigten Plan.

Schritt für Schritt fügten sich die einzelnen Puzzleteile zusammen, und jeden Tag ergaben sich neue, vielversprechende Optionen. Es war für mich kein schwerer Kraftakt, sondern ein Weg, aus dem ich jeden Tag echte Arbeitsfreude generieren konnte.

Unterschätzen Sie die Macht Ihrer Gedanken nicht

- Der gedankliche Fokus leitet Sie und führt Sie an die Stelle, wo das Ziel Ihrer Gedanken liegt.

3 Die unternehmerische Realität

„Das Glück besteht nicht darin, dass du tun kannst, was du willst, sondern darin, dass du immer willst, was du tust."

(L. N. Graf Tolstoi)

Die Frage danach, worin das Glück besteht, ist wohl so alt wie die Menschheit selbst, und ich habe dem individuellen Glück im letzten Abschnitt dieses Buches ein ganzes Kapitel gewidmet, weil es der Schlüssel zu einem erfüllten Leben ist.

Das Thema Glück hat über die Jahrtausende nie an Aktualität verloren. Dennoch unterliegt es einem Wandel und ist in unserer Gesellschaft gerade heute wieder gefragter denn je. Der Grund dafür liegt auf der Hand.

Wir haben uns einen gewissen Lebensstandard geschaffen. Lebensbedrohenden Ängsten wie Hunger oder Kälte müssen wir uns in einer Wohlstandsgesellschaft nicht stellen.

Es geht uns gut. Dieses zugegebenermaßen vielleicht subjektive Empfinden bestätigte erst kürzlich eine Studie, die die Lebensqualität in 163 Ländern anhand eines umfassenden Kriterienkatalogs wie Einkommen, wirtschaftliche Stabilität, Arbeitsmarkt, Bildung und Infrastruktur überprüfte. Dabei belegte Deutschland Platz 4 nach Norwegen, den

Niederlanden und Finnland. Generell liegt der Westen Europas global betrachtet weit vorn.

Neben Deutschland liegen auch unsere Nachbarländer Österreich, Dänemark und die Schweiz unter den Top-Platzierungen.

Wir haben das Privileg, uns die Frage zu stellen, was uns wirklich glücklich macht.

Dabei lassen wir oft außer Acht, dass das private Glück und das berufliche Glück in einer engen Verbindung zueinander stehen. Immer wieder erlebe ich es in meinem Umfeld, dass Menschen ganz in ihrem Familienleben oder in diversen atemberaubenden oder rasanten Hobbys aufgehen, dabei aber eigentlich nur verdrängen. Verdrängen? Ja, sie verdrängen den quälenden Alltag in lauten Werkhallen, in stickigen Büros, an dicht aneinandergereihten Schreibtischen unter eng gesteckten Anweisungen der Vorgesetzten. Ihr Glück bezieht sich ausschließlich auf ihr Privatleben. Leider entstehen hier dann überzogene Anforderungen an Partner, Kinder, Freunde oder Hobbys. Diese privaten „Glücksspender" können aber auf Dauer das Gleichgewicht zum mangelnden Glück im Berufsleben nicht aufrechterhalten.

Auch in der unternehmerischen Realität ist nicht alles das sprichwörtliche „Gold, was glänzt".

Die gelebte Selbstständigkeit hat ganz klar auch ihre Tücken (von der einen oder anderen werde ich Ihnen gern noch berichten), aber die bewusste Eigenverantwortung mit all ihren Vorzügen, wie einer individuellen Arbeitsatmosphäre, gesundheitlichem Bewusstsein bis hin zur kreativen Selbstverwirklichung, ermöglicht mir: dass ich immer will, was ich tue.

Ab dem Moment meines persönlichen Befreiungsschlages hat sich auch meine innere Einstellung stark gewandelt. Es ist für mich heute entscheidend, dass ich will, was ich tue. Nur so fühle ich mich als „Sensibelchen“ mit mir selbst im Reinen.

3.1 Gelebte Selbstständigkeit

Die gelebte Selbstständigkeit „lebt“ von der bewussten Eigenverantwortung. Als „Sensibelchen“ konnte ich den Kreislauf aus Fremdkontrolle und Fremdbestimmung insoweit durchbrechen, dass ich heute das Gefühl von Sicherheit aus meiner Eigenverantwortung generieren kann. Ich selbst treffe Entscheidungen und muss die Verantwortung für Erfolg, aber auch Misserfolg tragen. Die tatsächlich empfundene Sicherheit kann ich aus eigener Arbeit, Planung, Kalkulationen etc. ziehen und so für meine Absicherung sorgen.

So weit die Theorie. Die Verantwortung geht aber deutlich darüber hinaus. Denn auch in der Selbstständigkeit lauert jederzeit die Gefahr, dass die Grenzen zwischen Arbeit und Privatleben zwar im positiven Sinne verschwimmen, aber man sich schnell selbst übernimmt. Wenn Sie bereits selbstständig sind, kennen Sie sicherlich das Dilemma. Hier ein Auftrag, dort noch ein Kundenwunsch erfüllt, hier eine scheinbar brennende Aufgabe kurzfristig erledigt …

Mit einem überzogenen Leistungsanspruch stehen wir uns selbst im Weg.

Ich habe von Natur aus offenbar einen hohen Anspruch an meine eigenen Leistungen. Diesen Leistungsanspruch habe ich im Laufe der Zeit auch bei anderen sensiblen Menschen festgestellt. Der Eigenantrieb ist immer hoch genug. Oft leider auch zu hoch.

Die Gefahr liegt vielmehr in überhöhten Anforderungen an sich selbst bis hin zur totalen Erschöpfung. Vielleicht kennen Sie diese Fragen aus eigener Erfahrung nur zu gut:

Die geleistete Arbeit ist gut, aber ist sie auch gut genug? Lässt sich nicht noch an der einen oder anderen Stelle etwas mehr leisten? Muss die nächste Pause wirklich unbedingt sein, obwohl wir gerade mitten in einem spannenden Projekt stecken? Für einen hohen oder überzogenen Leistungsanspruch gibt es leider unzählige Beispiele. Der Klassiker im Unternehmeralltag ist ein kurzfristiger Anruf oder eine überraschende Mail eines Kunden, die in den Posteingang flattert: „Sehr geehrte Frau Tissot, meine Kollegin aus der Marketingabteilung möchte den bereits vor zwei Wochen geplanten Release unserer neuen Software der Presse bekanntgeben. Leider war die Planung dazu eine völlige Katastrophe und Softwareentwickler und Marketingleitung schlecht untereinander abgestimmt. Ich brauche dringend Ihre Unterstützung. Können Sie kurzfristig bis heute 16.00 Uhr den Entwurf für die Pressemitteilung erstellen? Die relevanten

Infos müssten Sie noch kurz telefonisch mit der verantwortlichen Kollegin aus dem Marketing abstimmen. Dann können wir die Meldung morgen früh an die 5000 relevanten Kontakte rausschicken."

Bereits während des Lesens bemerkte ich dieses ungute Gefühl in meiner Bauchregion. Mein Kopf ging gedanklich bereits den Zeitplan für den heutigen Tag durch und meldete unverzüglich Alarm: ‚Das ist heute unmöglich noch kurzfristig einzuschieben!' Daher antwortete ich rasch auf die Mail: „Sehr geehrter Herr Breitfuß, ich melde mich gleich dazu telefonisch bei Ihrer Kollegin und sende Ihnen die Pressemitteilung bis 16.00 Uhr zu."

Natürlich erhielt Herr Breitfuß die ausgearbeitete Meldung kurz vor 16.00 Uhr, und er bedankte sich noch mehrfach dafür und war überglücklich.

Ich hingegen hatte mich selbst betrogen, denn ihm war natürlich die Tatsache verborgen geblieben, dass ich an diesem Tag lange über den vorhergesehenen Zeitplan hinaus arbeitete, um alle Details für die Pressemeldung zusammenzutragen, den Text in Form zu bringen, um mich anschließend meinen eigentlich für den Tag geplanten Aufgaben zu widmen. Völlig frustriert und verärgert über mich selbst ging ich an diesem Abend ins Bett. Ich hatte mein Gehirn über Stunden ohne Pausen auf Hochtouren betrieben, nur um alles zur rechten Zeit fertigzustellen. Wie immer in solchen Situationen fühlte ich mich ausgepowert und ausgelaugt.

Ein wertvolles Wort, um Grenzen zu setzen und sich selbst vor Überlastung zu schützen, ist „Nein".

Gerade als Sensibelchen fällt es mir oft schwer, „Nein“ zu sagen. Denn das kleine Wörtchen kann verletzen, enttäuschen oder Ansprüchen nicht gerecht werden. Aber was war so falsch an einem „Nein“? Im Grunde musste ich es nur richtig zum Einsatz bringen.

Kurz vor dem Einschlafen nahm ich mir an diesem Abend vor, in Zukunft achtsamer mit meinem Zeitplan und vor allem sorgsamer mit mir selbst umzugehen.

Es gab immer wieder diese Tage, an denen ich beruflich einfach zu viel wollte, zu viel erreichen – möglichst noch heute – sofort …

Achtsamkeit ist ein großes Wort, das immer wieder auftaucht und ganz unterschiedlich interpretiert wird. Aber was bedeutet Achtsamkeit?

Für mich in erster Linie in mich hineinzuspüren und mich selbst zu fragen: Wie geht es mir gerade mit mir selbst? Ist das Arbeitspensum bereits überschritten und setzt es mich mental unter Leistungsdruck? Kreisen meine Gedanken um eine sinnvolle Koordination, um alles zur scheinbar rechten Zeit erledigen zu können?

Spätestens wenn ich diese Frage mit „Ja“ beantworten kann, ist es Zeit für ein „Nein“. Klingt zunächst nach einem Paradoxon. „Nein“ ist nicht zwingend negativ oder ein rein egoistisches Wort. Es ist vielmehr befreiend und hilft mir dabei, die Kontrolle über meine Zeit zu behalten. Nicht in Form von Planungswahn, sondern für die Schaffung von Ausgleichszeiten sowie Ruhephasen und vor allem für einen weiteren wichtigen Punkt: erfolgreiche Arbeitsergebnisse. Denn mit ausreichend Zeit überlaste ich mich nicht selbst, und ich verzettele mich nicht. Im Übrigen ist dies die häufigste Ursache für eine höhere Fehlerquote.

Mir ist bewusst, dass das Wort „Nein" in der Arbeitswelt gar nicht so einfach umsetzbar ist. Aber in den folgenden Wochen bemerkte ich, dass das kleine Wörtchen gerade im unternehmerischen Alltag oft den notwendigen Ausgleich bringt, ohne zwingend endgültig etwas auszuschließen:

„Nein, heute kann ich Ihren Auftrag leider nicht dazwischenschieben, auf dem Plan stehen bereits eine Reihe anderer Aufträge, aber bis zum Donnerstag, 16.00 Uhr haben Sie ihn auf dem Tisch liegen." – „Nein, heute kann ich leider kein spontanes Meeting einschieben, da ich bereits anderweitige Termine habe und unser Gespräch gern entsprechend vorbereiten möchte, aber wie sieht es bei Ihnen am … gegen … Uhr aus?"

Mit solchen oder ähnlichen Aussagen schütze ich mich in arbeitsintensiven Zeiten selbst vor drängenden Aufgaben (die bei näherer Betrachtung häufig überhaupt nicht so dringend sind). Ich kann sie bewusst in meinen Zeitplan eintakten, und der Kunde weiß dennoch sehr genau, wann er mit der zuverlässigen Erledigung der Aufgabe rechnen kann. Positiver Nebeneffekt: Stammkunden verstehen recht schnell, dass auch kleinere Aufträge immer ein paar Tage Planungshorizont benötigen.

Mittlerweile habe ich ein ganz gutes Gefühl dafür entwickelt, welches Arbeitspensum machbar ist, ohne dass ich dafür an meine körperlichen Grenzen gehen muss. Dazu gehört für mich auch, dass ich den natürlichen Bedürfnissen meines Körpers folge.

Achtsamkeit vertraut auf den eigenen Biorhythmus.

Bei mir ist es die Tatsache, dass ich definitiv kein „früher Vogel“ sprich Frühaufsteher bin. Und nicht nur das, heute bin ich ein bekennender Morgenmuffel. Doch bis zu dieser ehrlichen Erkenntnis war es ein weiter Weg und das, obwohl es mir bereits während meiner Schulzeit unvorstellbar war, wie andere bereits vor 9.00 Uhr Lerninhalten gut folgen oder sogar hervorragende Prüfungsergebnisse erzielen konnten.

Um mich herum schien es nur Frühaufsteher zu geben. Menschen, die morgens mit einem agilen Sprung aus dem Bett kamen und motiviert in den Tag starteten.

Irgendwann ist mir dann das schöne Buch „Der frühe Vogel kann mich mal“ in die Hände gefallen. Wie so oft zur rechten Zeit. Die Autorin nimmt darin unsere von „Frühaufstehern“ dominierte Gesellschaft aufs Korn und stellt Vergleiche an zwischen Eulen, die als Langschläfer und oft auch als „Morgenmuffel“ gelten, und Lerchen, die mit dem ersten Sonnenstrahl freudig gestimmt aus dem Bett hüpfen.

Ich fühlte mich verstanden. Sicher treffen die im Sachbuch enthaltenen Ansichten vielleicht nicht jedermanns Geschmack. Darum geht es aber auch gar nicht. Der eigentliche Kern der Sache liegt vielmehr darin, dass nicht die Gesellschaft der Maßstab für vordefinierte Zeitstrukturen ist, sondern die Menschen wieder mehr auf ihren eigenen Biorhythmus hören sollten.

Die Rücksicht auf den eigenen Biorhythmus trägt erheblich zum Wohlbefinden und zur Leistungsfähigkeit bei.

Zugegeben, ich sympathisiere stark mit der Auffassung und den Ausführungen zu den Eulen, zu denen ich mich eindeutig zähle. Für mich war es über viele Jahre hinweg eine Qual, nach vordefinierten Zeitstrukturen aktiv sein zu müssen.

Das Credo „Der frühe Vogel kann mich mal" habe ich in meinen unternehmerischen Alltag übernommen. Es entspricht meinem natürlichen Biorhythmus und meiner Ansicht, dass man morgens nicht schon vor dem Kaffee bereits alle Worte für den Tag verbraucht haben muss.

Wenn es mir möglich ist, vereinbare ich Geschäftstermine nicht vor 9.00 Uhr. In meinem Arbeitsumfeld hat sich bislang niemand daran gestört, und ich liebe diesen Aspekt der gelebten Selbstständigkeit. Dazu gehört für mich natürlich auch eine individuelle Arbeitsatmosphäre. Zu Beginn meiner Selbstständigkeit habe ich, um die Kosten so gering wie möglich zu halten, zunächst nur von zu Hause aus gearbeitet.

Schnell bemerkte ich aber, dass mit wachsendem Kundenstamm ein reines „Homeoffice" für mich unmöglich ist. Zunächst vereinbarte ich die Termine immer vor Ort beim Kunden. Aber auch das wurde schnell schwierig, weil viele Menschen eine angeborene Neugierde besitzen, die seltsamerweise genau dann gestillt zu sein scheint, wenn sie im Gegenzug auch das Büro des für sie tätigen Dienstleisters besuchen durften. Während einer Abwesenheitsphase im Urlaub kam mir, wie so oft, wenn ich Abstand zu meinem Alltag hatte, schließlich die Eingebung, dass genau jetzt der richtige Moment gekommen war, um mich auf die Suche nach einem geeigneten Büroraum zu machen. Ich konnte es plötzlich nicht mehr abwarten und musste sofort mit der Suche beginnen.

Sie werden es kaum glauben, aber ich saß noch keine fünf Minuten vor meinem Laptop, als ich in einem großen Portal auf eine Anzeige aufmerksam wurde, in der ein junger Unternehmer auf der Suche nach einem neuen Mitmieter war für seine Bürogemeinschaft. Kurzerhand vereinbarte ich für die darauffolgende Woche einen Besichtigungstermin.

Ein junger Mann mit symphytischem Lächeln öffnete mir die Tür, und die Chemie stimmte sofort. Sicher haben Sie diese Erfahrung auch schon gemacht. Es war einer dieser Momente, wo eigentlich die weitere Entwicklung schon vollkommen klar auf der Hand lag.

Eine individuelle Arbeitsatmosphäre erfüllt die persönlichen hochsensiblen Bedürfnisse und fördert ganz nebenbei die Kreativität.

Die Räumlichkeiten, die er mir zeigte, waren genau so, wie ich es mir bereits während meiner Angestelltenzeit in meinen Träumen immer ausgemalt hatte.

Ich konnte vom Balkon über die Kaffeemaschine bis hin zu Telefon und WLAN alles im Mietumfang Enthaltene mit nutzen und hatte einen wunderbaren Büroraum, der mich auf Wunsch mit geschlossener Türe vor Reizüberflutung, beispielsweise vor Musik oder lauten Telefonaten meines Vermieters, schützte. Es ist manchmal eigenartig, aber auch hier war wieder alles wie vorherbestimmt zur rechten Zeit am passenden Ort. Noch am selben Tag brachten wir den Mietvertrag zum Abschluss.

Dieses Büro nutze ich seither für meine Kundengespräche, für Telefonkonferenzen via Skype und Ähnliches. Selten jedoch für Aufgaben, an denen ich gerne vollkommen ungestört arbeite. Hier ist mir bis heute mein heimischer Schreibtisch oder im Sommer auch sehr oft der Garten mein liebster Arbeitsplatz. Das Einzige, was ich hier benötige, ist ein schneller Internetanschluss. Die Arbeit an einem schattenspendenden Plätzchen in der Natur ist für mich das absolut Größte. Der Wohlfühlfaktor ist hier so hoch, dass ich meine Arbeit nicht mehr als Arbeit im eigentlichen Sinne empfinde. Hier finde ich auch genügend Ruhe und Entspannung und genieße in meinen kurzen Pausen einfach den Blick in die alten hohen Bäume. Sehr zur großen Verwunderung der Kunden, die manchmal unvorhergesehen anrufen, das wunderbare Vogelgezwitscher im Hintergrund vernehmen können und glauben, ich befände mich gerade im Urlaub.

Überprüfen Sie regelmäßig Ihren Leistungsanspruch

- Haben Sie oft einen überhöhten Anspruch an sich selbst?
- Gönnen Sie sich Ruhepausen, gehen Sie achtsam mit sich selbst um und schaffen Sie sich eine persönliche Arbeitsatmosphäre.
- Vertrauen Sie beim Arbeitspensum auf Ihre Intuition.

Die Gefahr, dass Sie als hochsensible Persönlichkeit zu „faul“ für die Selbstständigkeit sind, besteht quasi nicht.

3.2 Aufkeimende Zweifel

Natürlich ist in der unternehmerischen Realität, wie das Wort bereits erahnen lässt, nicht immer alles eitel Sonnenschein. Schlechte Umsatzmonate, schwierige Kunden, stagnierende Aufträge oder der Wegfall eines Auftraggebers aus den unterschiedlichsten Gründen gehören leider auch dazu.

Gesunde Zweifel gehören zum Leben dazu und tragen zur realistischen Entscheidungsfindung bei.

Ich erinnere mich an einen kniffligen Moment kurz nach der Geburt meiner Tochter. Der mir vollkommen neue Lebensumstand war bereits eine Herausforderung für sich. Ab diesem Moment bestimmte plötzlich ein winziger Mensch darüber, wann ich schlafen konnte oder ob ich eben die ganze Nacht tapfer gegen die Müdigkeit ankämpfen musste. Die Eltern unter Ihnen, die selbst ein hohes Schlafbedürfnis haben, deren Nachwuchs aber offenbar im Schlaf keine Notwendigkeit sieht, wissen sehr genau, wovon ich hier schreibe.

Ich kämpfte also gerade mit der neuen Situation und war dadurch so sehr absorbiert, dass meine Intuition mich zwar mehrfach warnte, aber ich nicht bewusst wahrnahm, dass gerade ein Gewitter mit einigen Folgen heraufzog.

Das Vertrauen in die eigene Intuition ist ein wichtiger Indikator für den Geschäftserfolg.

Natürlich war ich geschäftlich kürzer getreten und betreute in dieser Zeit nur eine Handvoll Kunden. Darunter ein sehr treuer Stammkunde, für den ich über drei Jahre hinweg nahezu täglich tätig war. Umso heftiger traf es mich, als ich eines Abends – ich hatte gerade meine Tochter nach langem Kampf zum Schlafen gebracht – eine förmliche Mail von ebendiesem Kunden erhielt: „Sehr geehrte Frau Tissot, wir möchten uns für die gute Zusammenarbeit bedanken, haben uns allerdings nach 3 Jahren entschieden, die Agentur zu wechseln. Wir bitten um Ihr Verständnis …“ Mir blieb kurz der Atem weg, und meine Gedanken drehten sich im Kreis. Was war passiert? Der Kunde, für den ich so intensiv gearbeitet hatte und vom dem nie auch nur ein unzufriedenes Wort kam, schrieb mir um 20.00 Uhr ebendiese Mail und hielt es nicht einmal für nötig, mich persönlich anzurufen?

Ausgerechnet jetzt. Meine Arbeitszeit war gerade drastisch reduziert, ich hatte nur wenige Kunden, für die ich im Augenblick tätig war, und nun kündigte mir auch noch mein zu diesem Zeitpunkt bester Kunde.

Ich war verzweifelt, und da waren sie plötzlich wieder – meine Existenzängste. Die ganze Nacht kam mein sensibles Hirn nicht zur Ruhe. Ich war in die Falle der gedanklichen „Endlosschleife“ getappt. Ich fühlte mich persönlich angegriffen und war dabei, mich in Selbstzweifeln aufzulösen. Die Mail hatte mich ziemlich aus der Bahn geworfen.

Immer wieder fragte ich mich, was passiert war. Mein Unterbewusstsein wies mich wiederholt auf eine Person hin, die wohl schon die ganze Zeit gegen mich gearbeitet zu haben schien. Es handelte sich um den Inhaber der Printagentur des Kunden, der seit Jahren immer wieder übertrieben hohes Interesse an meiner Arbeit im Onlinebereich hatte. Sollte er im Zusammenhang mit der überstürzten Kündigung stehen?

Ich konnte den darauffolgenden Tag kaum erwarten. Ich wollte Gewissheit, mit dem Kunden persönlich reden, ihn umstimmen … In solchen Momenten ärgere ich mich ein wenig über meine sensible Ader, denn ich gehe immer davon aus, dass andere Menschen mir genauso wenig Böses wollen wie ich ihnen.

Zunächst versuchte ich mehrfach vergeblich, den Kunden telefonisch zu erreichen. Meine Nerven waren angespannt. Als ich ihn endlich erreichte, äußerte er sich befremdlich: „Frau Tissot, wir wollen einfach mal etwas Neues ausprobieren, wir haben uns auch noch nicht darauf festgelegt, wer in Zukunft die Betreuung übernimmt …“ Ich fragte ihn, wie es dazu gekommen war, ob er an irgendeiner Stelle unzufrieden mit meiner Arbeit war. Er antwortete für mich vollkommen unbefriedigend: „Ihre Arbeit ist wirklich gut, es hat nichts mit Ihrer Arbeitsleistung zu tun, wir wollen einfach mal frischen Wind ins Unternehmen bringen …“ Diese gedrückte Tonlage … jedes einzelne Wort strafte ihn Lügen, ich konnte es fast körperlich greifen, aber er war zu keiner anderen Aussage zu bewegen.

Es liegt in der Natur der Dinge, dass es auch einmal zur Beendigung einer Geschäftsbeziehung kommt, der Kundenstamm verändert sich im Laufe der Selbstständigkeit.

Enttäuscht musste ich mir nach dem Telefonat eingestehen, dass ich diesen Kunden verloren hatte. Aber das zermürbende Gefühl blieb.

Wenige Wochen später wurde ich durch Zufall auf eine Stellenausschreibung der besagten Printagentur aufmerksam, vor deren Inhaber mich mein Unterbewusstsein bereits lange gewarnt hatte. „Für den Aufbau unseres Onlinegeschäfts sind wir auf der Suche nach einem erfahrenen Social-Media-Manager …“ Mein Verdacht schien sich zu bestätigen, der Inhaber der Printagentur hatte systematisch Wissen bei mir „abgegraben“ und anschließend ohne Rücksicht auf Verluste die feindliche Übernahme durchgeführt. Kurze Zeit darauf erfuhr ich von einem gemeinsamen Kontakt, dass er dem Kunden ein Dumpingangebot gemacht hatte, das fern jedes Marktpreises lag und auch außerhalb seiner bisherigen Kernkompetenzen. Plötzlich war die vormals reine Printagentur spezialisiert auf Onlinekommunikation.

Wie sie sich sicher vorstellen können, ein Schlag für mich, beruflich wie auch menschlich war ich enttäuscht.

Rückschläge machen uns stärker, und wir wachsen an neuen Aufgaben.

Ich hatte einige Wochen zu kämpfen (mehr mit mir selbst als mit den äußeren Einflüssen), setzte mich aber bewusst mit meinen Existenzängsten auseinander. Ich bin zwar ein „Sensibelchen“, aber wenn ich genügend Zeit mit Grübeln verbracht habe, kann ich abschließen und auch loslassen. Meine ganze Konzentration galt nun der Kundenakquise, und systematisch kamen wieder neue Kunden dazu.

Seit dieser Situation achte ich aber sehr darauf, dass meine monatlichen Einkünfte breit gefächert über unterschiedliche Kunden abgedeckt werden. So weckt der Verlust eines Kunden heute auch keine Existenzängste mehr. Ich muss allerdings gestehen, dass ich meine unternehmerische Unabhängigkeit seit dieser Erfahrung deutlich mehr in der Hinsicht nutze, dass ich mir meine Geschäftspartner genauer anschaue. Ich gehe nicht mehr so sorglos mit Informationen um, und das Vertrauen wächst erst mit der Zeit.

„Drum prüfe, wer sich bindet, ob sich nicht was Bess'res findet."

Hier kommt mir meine Intuition immer wieder zu Hilfe. Es kommt nicht regelmäßig vor, aber manchmal lehne ich Aufträge aus einem Bauchgefühl heraus ab und erfahre meist kurze Zeit später, dass es gut so gewesen ist.

Auch wenn es unangenehm ist – Zweifel gehören dazu

- Prüfen Sie aufkeimende Ängste. Wie wahrscheinlich ist es, dass Ihre Ängste sich bewahrheiten?
- Oft sind Sie gerade als hochsensible Persönlichkeit besonders gefährdet in Ihrer Gedankenwelt, Situationen des Zweifels viel negativer zu empfinden, als sie tatsächlich sind.
- Bauen Sie Ihren Kundenstamm systematisch aus, sodass Ihnen der Verlust eines Kunden keine größeren Probleme bereitet.

3.3 Erkenntnisreiche Hochsensibilität

Man lernt im Leben ja bekanntlich nie aus. Im Laufe der Zeit begegnete ich in meinem unternehmerischen Alltag den unterschiedlichsten Menschen. Die facettenreiche Kommunikation bietet mir immer wieder aufs Neue Abwechslung. Ich könnte auch sagen: Es wird nie langweilig. Neben den Stammkunden gibt es immer wieder neue Menschen, die durch meine Arbeit in mein Leben treten. Ich nutze regelmäßig auch meine Onlinenetzwerke und generiere daraus neue Kontakte.

Unter ihnen auch ein Mann, der auf der Suche nach Unterstützung im Onlinemarketing war. Die erste persönliche Begegnung wird mir wohl immer in guter Erinnerung bleiben. Wie so oft machte ich mir anhand des Onlineprofils ein Bild, das nach dem Öffnen der Bürotüre zum persönlichen Termin vollkommen anders war als erwartet. Sachlich und ohne große Umschweife schilderte er mir sein Vorhaben und antwortete offen auf alle meine Fragen. Gleich nach Beginn unseres Gesprächs fragte er mich, ob ich mich schon einmal mit dem Thema Hochsensibilität auseinandergesetzt habe.

> Die Erkenntnis der eigenen Hochsensibilität verändert nicht alles, aber sie lässt vieles im neuen Licht erscheinen.

Als „Sensibelchen" war mir zwar der Begriff „sensibel" bereits seit meiner frühsten Kindheit sehr vertraut, aber von Hochsensibilität hatte ich noch nichts gehört. Er erklärte mir, dass er selbst hochsensibel sei und er die Hochsensibilität als eine Gabe sähe. Auch der Name Aron fiel sowie dass ihren Schätzungen zufolge etwa 15-20 Prozent der Menschen hochsensibel sind. Er selbst ging aber davon aus, dass es deutlich mehr sind, viele aber davon nichts wissen. Anschließend fragte er mich: „Ist Ihnen bewusst, dass Sie auch dazugehören?" Nein, das war mir neu, zumindest unter dem Begriff der Hochsensibilität. Er war der Meinung, dass er innerhalb weniger Minuten im Gespräch mit einer Person instinktiv einschätzen kann, ob sie hochsensibel ist. Bevor er sich verabschiedete, legte er mir noch sein Buch zum Thema Hochsensibilität auf den Schreibtisch und ließ mich mit dem mir unbekannten Thema zurück.

Es kam immer wieder vor, dass ich mich für Kunden in neue Themengebiete einarbeitete, meist recht rationale im Bereich Technik, Software etc. Generell bin ich ein sehr rational denkender Mensch und ein wenig „spirituell angehauchten" Themen gegenüber zwar durchaus offen, aber ich begegne ihnen auch mit einer natürlichen Skepsis. Genau in diesen Bereich fiel meiner ersten Einschätzung nach die Hochsensibilität.

Ich lehnte mich in meinem Bürostuhl zurück und dachte über das gerade stattgefundene Gespräch nach. Ich war neugierig geworden und begann, online nach passenden Inhalten zu suchen. Mit meiner rationalen Herangehensweise suchte ich zunächst nach Studien und wissenschaftlichen Erkenntnissen zum Thema Hochsensibilität. Außer einer wissenschaftlichen Studie von Dr. Elaine Aron über Hochsensible, in der sie eine gesteigerte Aktivität der für Emotionen und Verarbeitung von Sinneseindrücken verantwortlichen Hirnregionen nachwies, konnte ich nichts finden. Bei meinen weiteren Recherchen stieß ich auf die unterschiedlichsten Artikel, Blogbeiträge, Foren und Webseiten zum Thema. Insbesondere einige Erfahrungsberichte und Blogs von Hochsensiblen beeindruckten mich. Ich fand mich in den Beschreibungen an vielen Stellen wieder. Immer tiefer tauchte ich in das Thema ein und blickte rund zwei Stunden später erschrocken auf die Uhr. Ich hatte beim Lesen ganz die Zeit vergessen.

Ähnlich ging es mir kurze Zeit später mit dem Inhalt des Buches. Innerhalb kürzester Zeit hatte ich es quasi verschlungen und war positiv überrascht.

Hochsensibilität und die berufliche Selbstständigkeit sind ein perfektes Match.

Insbesondere der Abschnitt zum Thema „Arbeitsspaß“ verblüffte mich, weil er sehr gut zu meiner bisherigen beruflichen Entwicklung passte. Wie darin beschrieben, trugen die Reaktionen meiner Kunden und Geschäftspartner und die geweckten Emotionen zu meiner Lebensfreude bei. Daraus generierten sich automatisch meine Selbstachtung, ein gewisser Stolz, etwas Eigenes geschaffen zu haben, und der damit automatisch verbundene Spaß an der Arbeit.

In diesem Kontext tauchte aber auch das Thema Selbstschutz und u. a. auch das damit verbundene Wörtchen „Nein“ auf. Wie ich bereits selbst bemerkt hatte, musste ich mich in meinem unternehmerischen Alltag manchmal einfach vor mir selbst schützen, um meine Belastungsgrenzen durch meinen eigenen Leistungsanspruch nicht zu überschreiten. Das Wort „Nein“ half mir hier (wie bereits im Kapitel 3.1 beschrieben) deutlich weiter.

Alles in allem begann ich langsam zu begreifen, dass sich manchmal anfänglich nicht erklärbare Puzzleteile zu einem großen Gesamtbild zusammenfügten. Ich war intuitiv meinen Weg vom Betriebswirtschaftsstudium über das Angestelltendasein zur Selbstständigkeit gegangen.

Hochsensible gehen, oft auch ohne über Ihre Hochsensibilität im Bilde zu sein, automatisch den Weg in die berufliche Selbstständigkeit.

Bisher hatte ich meinen Titel als „Sensibelchen“ nicht sonderlich geschätzt. Der Kontakt mit dem Thema Hochsensibilität ließ mich einige Dinge in einem neuen Licht betrachten. Die Hochsensibilität war eine Erklärung dafür, warum ich mich wohlfühlte, wenn ich selbstbestimmt, unabhängig und eigenverantwortlich tätig werden konnte, und warum mir die Arbeit so wichtig war.

Darüber hinaus wurde mir klar, warum es hochsensiblen Menschen schwer möglich ist, Lebensfreude nur im privaten Umfeld zu generieren. Um eine dauerhafte einseitige Überlastung zu vermeiden, ist es entscheidend für sie, die Lebensfreude auch im Berufsleben entwickeln zu können.

Hochsensible brauchen das Gleichgewicht zwischen Privat- und Arbeitsleben, um dauerhaft in Balance zu bleiben.

Um meinen hochsensiblen Bedürfnissen nachgehen zu können, war die Selbstständigkeit im Grunde von Anfang an der richtige Weg für mich. Jetzt wurde mir endlich klar, warum die ganze Zeit alle Wegweiser in Richtung Selbstständigkeit gezeigt hatten. Lange hatte ich mich mit der Frage nach dem „Warum“ gequält. Die Hochsensibilität lieferte die Antwort auf die Entwicklung, die ich genommen hatte.

Mit dieser Erkenntnis bin ich mit Sicherheit noch nicht am Ende des Weges angekommen. Sie bereichert mich aber sehr und gibt mir oft die Kraft, die vorher an mir selbst definierten Schwächen nicht mehr ausschließlich als solche anzusehen. Umgekehrt kann ich, umso mehr ich mich mit meiner Hochsensibilität bewusst beschäftige, die damit verbundenen Stärken weiter ausbauen. Insbesondere die vielen kleinen Eingebungen (Sie kennen diese vielleicht auch als Bauchgefühl oder Intuition) geleiten mich wie von Geisterhand und unterstützen mich dabei, die für mich genau richtigen Entscheidungen und Auswahloptionen zu nutzen.

Im Übrigen kam auch der Gedanke dazu, dieses Buch zu schreiben, über eine morgendliche Eingebung … sie war plötzlich da und setzte sich so in meinem Kopf fest, dass ich tagelang kaum an etwas anderes denken konnte.

Im Arbeitsalltag, aber auch im Privatleben stellt sich immer wieder die Frage: Wie kann ich am besten mit dem Thema Hochsensibilität umgehen? Geschäftspartner, Interessenten, Freunde und Bekannte offen über die eigenen hochsensiblen Wesenszüge informieren oder doch lieber darüber schweigen?

Die Hochsensibilität sollten Sie dort offen ansprechen, wo es die beruflichen Rahmenbedingungen zulassen.

Im Gespräch mit anderen Hochsensiblen kommt dieses Thema oftmals zum Tragen, insbesondere bei Freunden, die ähnlich wie ich einer beruflichen Selbstständigkeit nachgehen. Hier fällt die Antwort sehr unterschiedlich aus und ist stark davon abhängig, in welcher Branche die Personen tätig sind. Die Inhaberin eines Yogazentrums geht damit offener um als der freie Berater für mittelständische Unternehmen und Konzerne. Eine eindeutige Antwort gibt es also nicht, die Entscheidung liegt am Ende bei jedem Hochsensiblen selbst.

Ich persönlich gehe einen Mittelweg. Da in der Geschäftswelt das Thema Hochsensibilität nach wie vor ein gewisses Tabuthema ist bzw. hochsensible Eigenschaften, gerade im Hinblick auf Belastbarkeit und Leistungsdruck, schnell negativ ausgelegt werden, halte ich mich zum Beispiel bei Neukunden mit der offenen Kommunikation über meine Hochsensibilität eher zurück, betone aber indirekt durch meine Arbeitsweise und in persönlichen Gesprächen ebendiese Züge. Gerade im Umgang mit langjährigen Kunden kommt es allerdings in letzter Zeit immer öfter vor, dass ich die Hochsensibilität offen kommuniziere. Durchweg mit einem sehr positiven Feedback und oft mit erstaunlichen Rückmeldungen. Denn das Thema hat in letzter Zeit eine große mediale Beachtung gefunden, und es gibt eine Reihe von Hoch- aber auch Normalsensiblen, die sich intensiv damit auseinandergesetzt haben und mir von ihren Erfahrungen berichten.

Ähnlich verhält es sich im privaten Umfeld. Enge Familienmitglieder und Freunde wissen über meine Hochsensibilität Bescheid. Meist handelt es sich hier aber sowieso um langjährige Wegbegleiter, die auch ohne die Definition der Hochsensibilität bereits wissen, was mein Wesen ausmacht. Es gibt aber auch zahlreiche weitläufigere Verwandte und Bekannte, die ich noch nie auf dieses Thema angesprochen habe, weil ich es entweder nicht als sinnvoll erachte oder sich bisher noch nicht die passende Gelegenheit dazu ergeben hat.

Geben Sie sich selbst die Chance, alle Vorzüge Ihrer Hochsensibilität nach und nach zu entdecken.

- Sie werden erstaunt darüber sein, wie weitreichend die Auswirkungen sind.
- Die Selbstständigkeit liefert Ihnen alle Grundvoraussetzungen, um die Potenziale Ihrer Hochsensibilität voll entfalten zu können.

3.4 Regelmäßige Neuanpassung

Die selbstständige Arbeit heißt auch ständige Veränderung und natürlich auch Weiterentwicklung. Die Anpassung an aktuelle Marktsituationen, unterschiedliche Kundenwünsche, wechselnde Auftraggeber u.v.m. gehören dazu. Für Hochsensible manchmal gar nicht so einfach und ein förmliches

Wirrwarr aus Informationen und Emotionen. Die wechselnden Rahmenbedingungen wirbeln die gewohnte Ordnung immer wieder durcheinander und setzen neue Maßstäbe. Für mich bedeutet das oft einen kleinen Zwiespalt, den Sie vielleicht aus Ihren eigenen Erfahrungen heraus bereits gut kennen.

Der Zwiespalt zwischen geliebter Ordnung und sich ständig ändernden Rahmenbedingungen stellt für das hochsensible Naturell eine Herausforderung dar.

Zum einen möchte ich gern meinen geplanten Tagesablauf einhalten, alle Punkte auf meiner To-do-Liste nach ihren Prioritäten abarbeiten und passend dazu meine Ruhepausen zur Erholung nutzen. Zum anderen tritt irgendeine Situation ein oder ein Kundenwunsch etc., der die Tagesplanung verändert oder in dringenden Fällen auch mal gänzlich zunichtemacht. Das richtige Maß zwischen vertrauter Routine und notwendigen Neuanpassungen zu finden, ist da manchmal gar nicht so einfach.

Ich habe es mir zur Gewohnheit gemacht, bei allen Neuanpassungen, die durch Kunden und deren Wünsche notwendig werden, auf mein inneres Bauchgefühl zu vertrauen.

Das berüchtigte „Bauchgefühl" liegt meist goldrichtig, allerdings ist der Verstand manchmal im Wege.

Eine Kundin aus dem Bereich Gesundheit war sehr angetan von den vielfältigen Möglichkeiten der sozialen Netzwerke. Sie wollte den Verkauf in ihrem Onlineshop damit ankurbeln, und schnell entwickelten wir gemeinsam ein passendes Konzept. In Zusammenarbeit mit der Agentur, die für die Kundin den Onlineshop entwickelt hatte und betreute, wurde auch der Versand einer Rundmail an Kunden geplant, die auf die neuen Kontaktmöglichkeiten in den sozialen Netzwerken hinweisen sollte. Kurz nach dem Start meiner Arbeit war die junge Frau in einer gemeinsamen Skype-Videokonferenz freudig gestimmt: „Hallo Frau Tissot, schön, Sie zu sehen. Ich bin echt begeistert, was in der kurzen Zeit an Anfragen zu unseren Produkten über die sozialen Netzwerke in unserem Onlineshop landet. Die passende Mail an die Kunden setzen wir auch noch auf, zuvor versenden wir aber über unsere Agentur noch eine Mail zu einem Topangebot aus dem Onlineshop. Vielleicht können Sie sich unseren Onlineshop noch etwas genauer ansehen. Wir würden gern mit Ihnen in nächster Zeit neue Themen und Texte erarbeiten." Das Gespräch lief gut, aber ich störte mich an dem Detail, dass vor der Ankündigung der neuen Kontaktmöglichkeiten noch eine Mail zu einem Angebot aus dem Onlineshop rausgehen sollte. Ich konnte mir nicht erklären, warum mir diese scheinbar unwichtige Kleinigkeit so störend vorkam. Meinem Instinkt folgend hakte ich nach, ob wir den Versand der Ankündigungsmail nicht vor der Info zum Produkt aus dem Onlineshop vorziehen konnten. Die Kundin hatte jedoch alles bereits im Marketingplan verankert und wollte die Reihenfolge nicht mehr umwerfen.

Wie besprochen schaute ich mir den Onlineshop etwas genauer an. Ich habe wenig Ahnung von den technischen Finessen, aber aufgrund meiner langjährigen Arbeit mit Onlineshops fiel mir schnell auf, dass wichtige Beschreibungen fehlten und Produkte teilweise nur kopiert, dann aber im Detail nicht angepasst worden waren. Ich machte die Kundin im nächsten Gespräch darauf aufmerksam, und wir vereinbarten einen weiteren Termin, um die inhaltlichen Details für den Mailversand abzustimmen.

Wenige Tage später klingelte mein Telefon, und die Kundin meldete sich vollkommen aufgelöst am anderen Ende: „Frau Tissot, wir müssen unsere Strategie ändern, denn wir können die Mail nicht mehr verschicken. Hier herrscht ein riesiges Chaos. Unsere Shop-Agentur hat die Mail zu unserem Topangebot an alle Kunden zweimal versendet – nicht dass das schon schlimm genug wäre: auch an diejenigen, die sich bereits aus unserem Mailverteiler ausgetragen haben. Allein heute hatte ich zig böse Antwortschreiben und zwei Ankündigungen zu rechtlichen Konsequenzen wegen unerlaubter Werbung. Die Agentur hat nicht nur großzügig Inhalte unseres Onlineshops ohne Bearbeitung kopiert und nicht angepasst, sie haben genauso nachlässig beim Versand der Mails gearbeitet. Wir müssen das alles erst bereinigen und können in nächster Zeit gar keine Werbemails an Kunden versenden, aber was machen wir jetzt bezüglich der sozialen Netzwerke? Wie sollen unsere Kunden davon erfahren …?“

Wieder einmal hatte mich meine Intuition nicht im Stich gelassen. Leider nützte das der Kundin in dieser Situation gerade wenig. Neuanpassung war gefragt. Wir erarbeiteten eine neue Strategie und machten die Kunden über Printmedien, den Webseiten-Blog, E-Mail-Signaturen und einige weitere Wege auf die sozialen Netzwerke aufmerksam. Die Neuanpassung verlief problemlos, und innerhalb kürzester Zeit hatten wir die gewünschte Verbreitung erreicht. Die Situation hatte sogar einen weiteren positiven Nebeneffekt: Unser geschäftliches Vertrauensverhältnis war weiter angewachsen, und die Kundin übertrug mir Folgeaufträge.

Neuanpassungen können das Vertrauensverhältnis und die zuverlässige Zusammenarbeit mit Kunden stärken.

Neuanpassungen gibt es aber auch in anderen Bereichen der Selbstständigkeit, beispielsweise wenn ein Auftrag systematisch wächst und irgendwann den Budgetrahmen sprengt. Mancher Auftraggeber bemerkt im Eifer der täglichen Arbeit nicht, dass er immer mehr Anforderungen hat und Arbeit delegiert, die im ursprünglich vereinbarten Leistungsumfang gar nicht mehr enthalten ist.

Als Hochsensible habe ich mich hier zu Beginn meiner Selbstständigkeit recht schwergetan, denn eine nachträgliche Anpassung des Budgets zu kommunizieren, war keine angenehme Aufgabe. Im Laufe der Zeit und mit der Routine bemerkte ich allerdings, dass auch hier eine offene Kommunikation der Schlüssel ist. Gepaart mit den passenden plausiblen Erklärungen reagierten die Kunden positiv und hatten auch Verständnis für eine notwendige Preiserhöhung.

Manchmal heißt Neuanpassung auch, Altes loszulassen.

So schwer es in der alltäglichen Arbeitswut auch fällt, es gibt Kunden, die mir nicht guttun. Das kann die unterschiedlichsten Ursachen haben. Manche benötigen Hilfestellungen, die ich nicht anbieten kann, andere haben Ansichten oder Charaktereigenschaften, die sich nicht mit meiner Arbeit vereinbaren lassen. Für viele Normalsensible sind die feinen Nuancen in der Kommunikation und im Verhalten vielleicht gar nicht wahrnehmbar. Für mich sind sie oft so irritierend, dass ich mich auf den eigentlichen Inhalt eines Gesprächs oder meine Arbeitsaufgabe gar nicht mehr so recht konzentrieren kann.

Eine ganze Zeit lang habe ich mich hier versucht zurückzunehmen, um gerade zum Start meiner Selbstständigkeit und beim Aufbau meiner Agentur keine Kunden zu vergraulen. Im Laufe der Zeit wurde mir allerdings immer wieder bewusst, dass ich als Hochsensible unter bestimmten Bedingungen nicht arbeitsfähig bin. Dazu gehören u. a. Kunden, die sich erst monatelang nicht melden und dann auf Zuruf möglichst „vorgestern" oder mit dem Vermerk „asap" (as soon as possible) eine Aufgabe erledigt haben möchten. Noch schlimmer sind jedoch für mich die (zum Glück wenigen) schwarzen Schafe, die im Laufe der Zusammenarbeit zu Unsachlichkeit bis hin zu cholerischen Ausbrüchen neigen.

Unzufriedene Kunden gehören leider auch zur unternehmerischen Realität dazu.

Mit Vorsicht zu genießen sind auch die, die ich insgeheim gern „Nörgler" nenne. Sicher kennen Sie diese Art von Kunden sehr genau, ganz gleich, ob Sie im Angestelltenverhältnis oder selbstständig tätig sind. Immer wieder schleicht sich diese Gattung anfangs oft unbemerkt in den Unternehmensalltag ein. Ich rede dabei nicht von Kunden, die Anpassungswünsche oder Vorschläge haben, sondern von den Menschen, die – egal wie gut die Aufgabe auch gelöst wurde – immer etwas auszusetzen haben. Dabei machen „Nörgler" gern den Dienstleister für Dinge verantwortlich, die zwar den Aufgabenbereich in irgendeiner Art und Weise tangieren, aber nicht im eigentlichen Tätigkeitsfeld liegen. So kommt es hin und wieder vor, dass Sie vielleicht freudig zu einem persönlichen Kundentermin fahren und der festen Überzeugung sind, es gibt jede Menge positive Entwicklungen zu berichten, der „Nörgler" sieht in allen Punkten aber ausschließlich das Negative. Derartige Termine können sehr energieraubend sein.

Hochsensible Selbstständige nehmen sich Kritik von Kunden besonders zu Herzen und fühlen sich schnell persönlich angegriffen.

Sie werden jetzt sicher schmunzeln, denn wie Sie sicher erwartet haben, darf auch ich immer mal wieder einen „Nörgler" zu meinem Kundenstamm zählen. Nachdem ich einige Male vollkommen platt von der Kritik war, begann ich, die Gründe für die Beanstandung näher zu betrachten. Mit folgenden Konsequenzen: Ich filtere für mich selbst konstruktive Anregungen heraus, die meine Arbeit verbessern und meine Leistungen steigern, notiere mir gedanklich aber auch Punkte, „für die ich nichts kann", und führe mir diese bewusst vor Augen.

Konstruktive Kritik fördert die Weiterentwicklung.

So kann ich loslassen, ohne dabei die eigentlichen Aufgaben meiner Arbeit zu vernachlässigen. Darüber hinaus habe ich natürlich meine Erwartungen an positives Feedback deutlich heruntergeschraubt. Umso mehr kann ich mich dann freuen, wenn der Nörgler zwischen den Zeilen doch einmal etwas Positives fallen lässt. So kann ich der Zusammenarbeit auch hier immer wieder angenehme Momente abringen.

Es gibt aber auch Augenblicke, in denen gerade Hochsensible im Kontakt mit Kunden oder Interessenten das unmittelbare Gefühl haben, einen aussichtslosen Kampf zu führen. Zum Glück sind solche Situationen eher selten.

Der Kunde ist König, aber die Zusammenarbeit darf nicht zur „Aufopferung" werden.

Wenn ich den Eindruck habe, dass ich zu sehr um einen Kunden kämpfen muss, hat es sich bewährt, die Notbremse zu ziehen. Indem ich entweder zum Beispiel eng gesteckte Zeitpläne mit realistischen Vorschlägen aufbreche oder aber auch die Zusammenarbeit komplett beende.

Ich hatte schon eine Reihe von unterschiedlichen, auf den ersten Blick sehr verlockenden Auftragsangeboten, die mir entweder neue Perspektiven oder einen größeren Geldsegen versprachen. Immer wenn sich an dieser Stelle mein Bauchgefühl einschaltet und mich warnt, frage ich mich, ob das Angebot wirklich mein Ziel ist?

Ganz ähnlich funktioniert es übrigens auch andersherum. Es gibt immer wieder Erstgespräche mit Kunden, bei denen ich direkt in den ersten gemeinsamen Minuten instinktiv spüren kann, dass die Zusammenarbeit gut wird. Der weitere Weg scheint hier wie vorgezeichnet. Wie von Geisterhand entwickelt sich dann die Zusammenarbeit manchmal so rasant, dass innerhalb kürzester Zeit und ganz ohne darum kämpfen zu müssen vollkommen neue und sehr interessante Wege vor mir liegen und automatisch eine Neuanpassung erfolgt. Durch eine automatische Neuanpassung wird das hochsensible Naturell oft so unbemerkt und selbstverständlich begleitet, dass gar nicht der Eindruck entsteht, dass eine Veränderung im Gange ist.

Die vielen kleinen Bausteine der Neuanpassung tragen dazu bei, dass wir uns systematisch weiterentwickeln.

Die Weiterentwicklung ist für Selbstständige absolut notwendig und ein Schlüssel zur Selbstverwirklichung.

Die Verbindung aus Hochsensibilität und Selbstständigkeit lässt uns aber auch viel intensiver spüren, dass sich in gewissen Situationen unser Umfeld nicht überall entsprechend mitentwickelt. Eine schwierige Situation, die das bewusste Loslassen erfordert.

Ich möchte Ihnen gern ein Beispiel nennen. Über Jahre hinweg habe ich als Angestellte meinen Büroraum mit dem im Unternehmen ebenfalls angestellten Grafiker geteilt. Wir haben gemeinsam Projekte bearbeitet, Kunden betreut und sogar regelmäßig die Mittagspause auch einmal für ein privates Gespräch genutzt. Ich kannte seine Arbeit gut und wusste seine grafischen Umsetzungen zu schätzen.

Nach meiner Kündigung erhielt er natürlich auch den Auftrag, meine Webpräsenz sowie die ersten Geschäftspapiere umzusetzen.

Weil der Leidensdruck beim damaligen Arbeitgeber, insbesondere aufgrund der schlechten Bezahlung, immer größer bei ihm wurde, kündigte auch er schließlich und machte sich selbstständig. Allerdings nicht aus dem tiefen Wunsch heraus, ein selbstbestimmtes Arbeitsleben zu führen, sondern weil er mittlerweile eine Reihe Kunden hatte, die er, quasi an seinem Arbeitgeber vorbei, sowieso betreute und glaubte, dass er so schneller Geld verdienen konnte. Seinen Beweggründen maß ich damals keine übermäßige Bedeutung bei. Ein Fehler, wie sich im Nachgang herausstellte.

Bei jeder Gelegenheit, bei der bei meinen Kunden ein Grafiker gefragt war, verwies ich auf ihn. In einem größeren Projekt arbeitete ich sogar mit ihm zusammen.

Allerdings wurde er schon kurz nach seiner Existenzgründung gierig. Die Preisschraube wurde auf einmal straff angedreht, sodass ich mich immer öfter in Gesprächen mit Kunden wiederfand, die sich über die immensen Preissteigerungen wunderten. Parallel dazu stieg aber seine Arbeitsleistung nicht, im Gegenteil, immer häufiger kam es vor, dass er für minimale Änderungen am Layout hohe Zeitaufwände berechnete. Bis es einem gemeinsamen Kunden zu bunt wurde, der sich mit dem gleichen kleinen Auftrag, mit dem er den Grafiker betraut hatte, auch an seine Auszubildende wandte. Sie lieferte ihm innerhalb einer Stunde postwendend das Ergebnis, das beim Grafiker zwei Wochen zum überteuerten Preis auf sich warten ließ.

Es kam, wie es kommen musste. Ich erklärte ihm, dass die Art und Weise, wie er versuchte, an „schnelles Geld“ zu kommen, auf Dauer sehr schädigend sein wird. Er reagierte darauf mit vollkommenem Unverständnis. Schweren Herzens begab ich mich auf die Suche nach einem anderen Grafiker. So ähnlich scheinen es andere Bekannte und Kunden wohl ebenso gehalten zu haben. Kurze Zeit später nahm er wieder eine Position in einer Festanstellung an und nörgelt seitdem munter weiter über die schlimmen Umstände im Angestelltendasein. Weiterentwicklung? Fehlanzeige! So hart vielleicht die folgende Aussage auch klingen mag:

> Bei der Weiterentwicklung kommt es auch vor, dass bisherige Weggefährten nicht mehr passen, weil sie sich anders oder überhaupt nicht weiterentwickelt haben.

Umso schöner ist es, Ihnen davon berichten zu können, dass es in der Selbstständigkeit auch einige Weggefährten gibt, die regelmäßige oder auch nach Jahren wiederkehrende Begleiter sind. Für die Weiterentwicklung ist die Zusammenarbeit mit diesen Weggefährten unerlässlich und ganz nebenbei auch wunderbar, weil nichts über eine vertraute und an Weiterentwicklung orientierte Zusammenarbeit geht.

Sehen Sie Neuanpassungen als Notwendigkeit an, aber verbiegen Sie sich nicht dafür

- Führen Sie keine Kämpfe, von denen Ihnen Ihre Intuition abrät.
- Neuanpassungen, die nahezu von selbst ihren Lauf nehmen, sind Ihrer Selbstständigkeit am zuträglichsten. Sie sorgen für die notwendige Weiterentwicklung, die Sie beruflich und privat wachsen lässt.

3.5 Gesundheitliches Bewusstsein

Besonders die jüngeren Leser/innen unter Ihnen werden wissen, dass Hochsensible dazu neigen, ihre körperlichen Grenzen zu überschreiten. Gerade in den 20ern ist der Körper noch so fit, dass er diverse Überbelastungen scheinbar problemlos wegsteckt. Da wird hier noch ein Auftrag abgearbeitet, da zu einem Termin gehetzt, dort noch eine Nachtschicht eingeschoben … bei all dem Stress gelangen insbesondere Hochsensible, die sich ihrer Hochsensibilität nicht bewusst sind oder deren Natur unterdrücken, irgendwann unausweichlich an ihre Grenzen. Getreu dem Motto: Das Licht am Ende des nächsten Tunnels ist der entgegenkommende Zug.

Hochsensible strapazieren ihr Nervensystem oft über das gesunde Maß hinaus.

Ganz ehrlich, bei mir war es gerade während meines Angestelltendaseins ganz genauso. Ich habe mich und meinen Körper oft zu Höchstleistungen angetrieben, ohne Pausen zu machen oder auf den bereits pochenden Schmerz im Kopf zu hören.

Die Diagnose Morbus Basedow hat mich dann ziemlich getroffen. Mit dem Wissen rund um die Erkrankung hat sich bereits zu Beginn meiner Selbstständigkeit mein gesundheitliches Bewusstsein stark verändert. Zugegeben, ich war gezwungen, etwas zu ändern, denn ich hatte derartig über die Stränge geschlagen, dass mein Körper ziemlich ausgelaugt war. So sehr, dass ich mir selbst einen bleibenden gesundheitlichen Schaden zugefügt habe, denn der Morbus Basedow ruht zwar, aber der Defekt meines Immunsystems wird mir wohl immer erhalten bleiben. Immer wieder wird mir das im Alltag bewusst. Sei es bei einer Erkältung, für die ich besonders anfällig bin, oder bei schwereren Erkrankungen, die mit einem schwachen Immunsystem in Zusammenhang stehen und vor denen ich ebenfalls schlechter gewappnet bin.

Hochsensible Selbstständige müssen besonders auf ihre Gesundheit achten.

Ich spreche hier nicht von allerlei Ernährungsregeln, von denen es heutzutage für die unterschiedlichsten Gruppierungen immer wieder neue zu geben scheint. Den „Tatort" Teller und den damit verbundenen Krimi um Lebensmittelunverträglichkeiten gibt es seit geraumer Zeit selbstverständlich auch für Hochsensible.

Natürlich habe ich mich über die Jahre hinweg mit dem Thema Ernährung beschäftigt, aber ich persönlich halte nichts von rein vegetarischer oder veganer Ernährung und höre auf mein Bauchgefühl, denn das sendet deutliche Signale, wenn es darum geht, worauf mein Körper gerade Appetit hat und welche Nährstoffe er damit verbunden aufnehmen kann. Als Hochsensible sind wir nicht umsonst mit einer besonders starken Intuition ausgestattet, die sich auf alle Lebensbereiche, folglich auch auf die Aufnahme von Lebensmitteln erstreckt. Es geht mir beim gesundheitlichen Bewusstsein vielmehr um die Regeneration.

Ausreichende Regeneration ist für hochsensible Personen besonders wichtig.

Als selbstständig tätige Hochsensible entscheide ich selbst, wann ich eine Pause benötige. Anders als in den „gesellschaftlich anerkannten Arbeitspausen“ richte ich mich nach meinem täglichen Befinden.

Es gibt Tage, an denen ich so hochkonzentriert und voller Eifer an einer Aufgabe arbeite, dass ich kaum eine Pause mache. Gerade in besonders kreativen Phasen sprudelt die Energie dann über Stunden, und ich schaue nur von der Arbeit auf, wenn mein Magen mir mit einem lauten Grummeln signalisiert, dass es Zeit für Nachschub ist.

An anderen Tagen hingegen brauche ich immer wieder längere Pausen. Dann finde ich Regeneration bei einem Spaziergang in der Natur, einem gemütlichen Mittagessen, einem Mittagsschlaf oder bei Entspannungsübungen.

Trotz meines gesundheitlichen Bewusstseins schlage ich ab und an über die Stränge. Aufgrund meiner überwiegend sitzenden Tätigkeit hatte ich zum Beispiel nach einer arbeitsintensiven Phase dreimal in Folge einen bösen „Hexenschuss“ – ein mehr als deutliches Warnsignal. Ich fürchte, Sie kennen das:

„Hochsensibilität schützt vor Torheit nicht.“

Es kommt ab und an vor, dass falsche Muster erneut durchlebt werden, obwohl ich mir ganz fest vorgenommen hatte, darauf besser zu achten. Fakt war zu diesem Zeitpunkt: Ich konnte mich kaum bewegen. Die Osteopathin meines Vertrauens half mir mehrfach, wieder mobil zu werden. Ihre Hände und ihr umfassendes Wissen waren immer wieder eine Wohltat.

Ich fragte sie, welche Möglichkeiten sie sähe, um derartige schlimme Schmerzen in Zukunft zu verhindern. Sie lächelte, und ich mochte sie für ihre herrlich pragmatische Art: „Liebe Sandra, du hast kaum Muskulatur am Rücken, hinzu kommt deine sitzende Tätigkeit. Sport ist natürlich grundsätzlich gut, aber ich würde dir zu regelmäßigem Yoga raten. Dabei werden alle Muskelfasern gedehnt und flexibel gehalten, außerdem ist es ein idealer Ausgleich für den Geist."

Yoga, Meditation, Sport o. Ä. bieten den optimalen Ausgleich zum unternehmerischen Alltag.

Yoga – damit hatte ich bisher immer irgendwelche Hippies in schlabbriger Leinenkleidung und mit psychedelischem Grinsen verbunden. Aber ein Versuch konnte nicht schaden. Ich machte mich online auf die Suche nach einem Yogazentrum ganz in meiner Nähe und wurde nach wenigen Klicks fündig. Ich vereinbarte mit der Inhaberin einen ersten Termin im wöchentlichen Kurs und wartete gespannt darauf.

Ich hetzte von einem Termin zu meiner ersten Yogastunde und kam vollkommen abgespannt dort an. Die Tür öffnete sich, und eine junge Frau mit entspannten Gesichtszügen und einer angenehmen Aura öffnete mir die Tür.

Wenn zwei Hochsensible aufeinandertreffen – stimmt die Chemie oft von Anfang an.

Wie ein unsichtbares Zeichen, dass sich hier etwas fügt, fast schon, als arbeiteten unser beider Unterbewusstsein oder unsere Spiegelneuronen an einer Lösung, ohne uns davon im aktuellen Moment darüber in Kenntnis zu setzen. Im Übrigen sind Spiegelneuronen überaus faszinierend. Sicher wissen Sie, dass unser Gehirn über umfangreiche Daten für eine Simulation der Wirklichkeit verfügt. Es geht aber noch viel weiter, denn es kann Voraussagen treffen, was ein anderer Mensch in einer ausgewählten Situation tun würde, und spiegelt wider, wie sich ein anderer Mensch gerade fühlt. Aus wissenschaftlicher Sicht steht dahinter keine Gedankenübertragung, sondern die enorme Kraft der Spiegelneuronen (vgl. Hilbrecht, Meditation und Gehirn: alte Weisheit und moderne Wissenschaft, 2010).

Die junge Frau lächelte und reichte mir die Hand mit den Worten: „Hallo, ich bin Sandra, ich freue mich, dass du heute gekommen bist."

Sandra war nicht nur meine Namensvetterin, sie sollte mich auch durch meine allererste Yogastunde begleiten. Sie führte mich in einen gemütlichen Raum, in dem bereits eine Handvoll weiterer Frauen saß. Die Situation strahlte Ruhe aus, und ich merkte, wie die Anspannung von mir abfiel. Wie selbstverständlich bedienten sich die Frauen an den beiden Kannen Tee, die auf der Mitte des Tischs standen, und unterhielten sich über die unterschiedlichsten Themen. Eigentlich mag ich die klassischen Frauentreffen nicht, aber hier schien alles in vollkommener Harmonie zu sein, so als ob es gar nicht anders möglich war. Es gab auch keine Leinenkleidung, sondern jede Frau trug ganz individuell die Kleidung, in der sie sich gut fühlte. In einem hellen und sonnendurchfluteten Raum suchte sich jede Frau eine Matte und legte sich für die Anfangsentspannung hin.

Ich war beeindruckt, wie sich Sandras Stimme veränderte, als sie mit der Yogastunde begann. Ihre Stimme war beruhigend und doch ganz klar und zielstrebig. Ich spürte, wie sich die Fasern meines Körpers entspannten. Jedes Mal, wenn mein Geist wieder abzudriften schien, fing sie mich mit ihrer Stimme auf und erinnerte mich daran, dass alles im Hier und Jetzt in der Gegenwart stattfindet.

Das Bewusstsein, im Hier und Jetzt zu leben, ist überaus entspannend.

Ein wunderbarer Zustand, in dem sich alles ganz klar und ruhig anfühlte. Ich konnte meinen Körper ganz deutlich spüren, den ein- und ausströmenden Atem, der gleichmäßige Schlag meines Herzens.

Der ersten Entspannung folgte eine Reihe von wohltuenden Atemübungen (Pranayama). Mir war bis zu diesem Zeitpunkt nicht bewusst, dass es so unterschiedliche Möglichkeiten gibt, meinen Atem bewusst zu nutzen und vor allem wahrzunehmen. Immer wieder blinzelte ich verstohlen auf Sandra, die im Yoga-Schneidersitz (Sukhasana) immer noch diese wunderbar beruhigende Aura hatte.

Ihren Worten und Anweisungen zu folgen, war fast spielerisch, als hätten wir dies bereits Hunderte Male geprobt. Der Sauerstoff erfüllte meinen Körper, und ich fühlte mich befreit und klar.

Anschließend begannen wir gemeinsam die Aufwärm- und Vorbereitungsübungen. Dieser Kreislauf und die Synergie, die den Raum erfüllte, beeindruckten mich zutiefst. Es war wie eine stille Einheit, in der doch jedes einzelne Element vollkommene Freiheiten hatte. Ich spürte instinktiv dieses Gefühl, dass jede der Frauen bei sich war. Keine interessierte es, wie die andere aussah, wie sie ihre Übungen vollzog oder welche Wirkung sie hatte. Es kommt selten vor, dass ich die Anwesenheit mir fremder Menschen so deutlich spüren und dennoch so genießen kann.

Die darauf folgenden Yogastellungen (Asanas) verlangten mir als Anfänger einiges ab. Was so spielend leicht aussah, erforderte jede Menge Konzentration und Selbstbeherrschung. Doch auch hier war die Situation eingespielt und ungewohnt vertraut. Sandra rückte jede einzelne Frau immer wieder etwas in die jeweilige Position und erinnerte uns: „Denkt daran, euch immer mit einem Lächeln zu begegnen."

Im letzten Abschnitt meiner ersten Yogaeinheit widmeten wir uns der Tiefenentspannung (Yoga Nidra). Dank der hauchzarten Musik und Sandras Stimme befand ich mich innerhalb kürzester Zeit in einem Schwebezustand zwischen Entspannung und Schlaf. Nach den 90 Minuten Yoga fühlte ich mich einfach wunderbar.

Seit dieser ersten Yogaerfahrung besuche ich wöchentlich meinen mittlerweile sehr lieb gewonnenen Yogakurs. Yoga regeneriert mich und eröffnet mir eine ganz neue Form von Weitblick. Nicht in der Hinsicht, dass ich jeden Schritt genau vorausplane, sondern mit Gelassenheit mich selbst annehmen kann – auch meine Schwächen. Yoga hilft mir immer wieder, mein Sein in der Gegenwart zu schätzen. Es ist eine Urquelle und liefert mir einen Zugang zu meinem Innersten. Ganz nebenbei hat sich der Zustand meines Rückens deutlich verbessert. Immer wenn sich ein Spannungsgefühl im Rücken einschleicht, kann ich mit Yoga für den notwendigen Ausgleich sorgen.

Das gesundheitliche Bewusstsein von Hochsensiblen geht aber im Einklang mit einem guten Körpergefühl noch deutlich weiter.

Hochsensible empfangen sehr deutliche Signale ihres Körpers.

Mein Körper zeigt mir immer sehr genau, wie es gerade um meine Gesundheit bestellt ist. Voraussetzung dafür ist natürlich, dass ich auch auf diese Intuition vertraue. Ein wunderbares Beispiel sind auch außergewöhnliche Situationen, wie die Geburt meiner Tochter.

Ich hatte mich bis in die letzten Wochen der Schwangerschaft hinein sehr wohl gefühlt und war mit meinem Arbeitspensum kaum zurückgetreten. Ich nahm auch noch rund wie ein dickes Murmeltier Termine wahr. Bereits in den ersten Monaten der Schwangerschaft konnte ich eine intensive Verbindung zu meiner ungeborenen Tochter spüren. Ein einzigartiges Gefühl von Liebe entwickelte sich, die so vollkommen anders war als alle Formen, die ich bis dahin kennengelernt hatte.

Wie wohl die meisten Frauen fragte ich mich in dieser Zeit, wie es wohl sein würde, wenn die Wehen einsetzten, und wie viel Zeit mir dann noch bis zur Geburt blieb. Als es dann fast so weit war, passierte etwas Wunderbares. Ich konnte meine Wahrnehmung so intensivieren wie nie zuvor. Es war an der Zeit, kürzer zu treten, und ich gönnte mir lange Ruhepausen. Mit Einsetzen der Wehen übernahm dann meine Intuition wie ein Autopilot. Entgegen allen zeitlichen Berechnungen der Ärzte, die sicher bereits Tausende Geburten begleitet hatten, wusste ich ganz genau, dass die Zeit bis zur Geburt deutlich kürzer war. Raum und Zeit schienen eins zu werden, und mein sonst oft kontrollierender Verstand war vollkommen ausgeschaltet. Meine Intuition war wie ein Schutzschild und geleitete mich.

Kurz nach der Geburt wurde die Hebamme auf meine Narbe am Hals aufmerksam. Sie fragte mich, ob eine Autoimmunerkrankung dafür die Ursache war, weil sie selbst ganz ähnliche Erfahrungen gemacht hatte. Unvermittelt eröffnete sie mir dann, dass sie begeistert war, dass ich bei meiner ersten Geburt gehandelt habe, als hätte ich das schon zig Mal durchlebt und so genau spüren konnte, dass es deutlich schneller vorangehen würde.

Sie wünschte sich, dass viel mehr Frauen gerade in außergewöhnlichen Situationen wie einer Geburt mit sensiblen Antennen auf ihr inneres Gespür vertrauen. Für mich war das vollkommen selbstverständlich, offenbar war es das aber für andere nicht.

Ein besonderer Moment, in dem ich meine Hochsensibilität als eine wunderbare Gabe erkennen konnte und ich seitdem viel mehr darauf vertraue, dass mein gesundheitliches Bewusstsein immer aktiv ist und mich auch in Extremsituationen sicher und schützend geleitet.

Hochsensible haben ein ausgeprägtes gesundheitliches Bewusstsein, allerdings neigen sie gerade in jungen Jahren dazu, über ihre Belastungsgrenze hinaus zu arbeiten

- Nehmen Sie die frühen Warnsignale Ihres Körpers ernst.
- Gönnen Sie Ihrem Körper Ruhe und inneren Ausgleich mit Yoga, Meditation oder anderen Entspannungsmethoden.
- Nutzen Sie in außergewöhnlichen Situationen die Gaben Ihrer Hochsensibilität und vertrauen Sie Ihrer Intuition.

3.6 Familiäre Vereinbarkeit

Wir leben nicht nur in einer Zeit, in der die Gesellschaft von beneidenswerten „Karriere-Müttern" im lukrativen Angestelltenverhältnis spricht, sondern die sogar für erfolgreiche junge Frauen zwischen Windeln und Selbstständigkeit ein eigenes Kunstwort kreiert hat. Natürlich ein englisches: die Mompreneurin. Klingt großartig, ist es auch. Sie haben noch nie von diesen herausragenden Superfrauen gehört? Eine Lücke, die wir sofort schließen sollten.

Wie unschwer zu erkennen ist, setzt sich die Bezeichnung aus den Begriffen „Mom" und „Entrepreneur" zusammen. So viel zur Wortherkunft. Viel interessanter ist allerdings das weitreichende, nahezu unendliche Aufgabenfeld, das sich hinter dem Kunstwort erstreckt. Diese

„Mompreneurinnen“ schaffen scheinbar spielend den Spagat zwischen Kindern und Selbstständigkeit. Dabei geben sie 100 Prozent im Job und 100 Prozent in Sachen Liebe und Erziehung ihrer Kinder. Unklar ist allerdings, wann diese seltene Gattung der „Mompreneurinnen“ schläft, isst oder Dingen wie dem regelmäßigen Duschen, Sex, Sport oder gar Hobbys nachgeht?

Hochsensible können naturbedingt nicht 200 Prozent leisten.

Liebe hochsensible Frauen und Mütter sowie natürlich auch die zugehörigen Männer und Väter, es mag wie in jeder Spezies Ausreißer geben, wie die „Mompreneurinnen“, aber sie sind äußerst selten, und es gibt noch keinen aktuellen Forschungsstand zu deren genauen Lebensumständen oder gar der Anzahl der zugehörigen Burn-outs.

Es existiert allerdings eine Reihe statistischer Fakten, die das Fabelwesen „Mompreneurin“ entzaubern. Demnach sind in Deutschland nur rund 7,4 Prozent der Frauen überhaupt selbstständig. Die Zahl der Mompreneurinnen umfasst in etwa eine halbe Million, wovon wiederum nur die Hälfte minderjährige Kinder hat (Statica 2016, Anzahl der Selbstständigen in Deutschland von 2005-2015). Macht etwa 250.000 waschechte „Mompreneurinnen“.

Ich möchte nicht abstreiten, dass es diese Frauen gibt, aber sie zahlen einen hohen Preis.

Die Vereinbarkeit von Familie und 40-Plus-Stunden-Woche beruflicher Selbstständigkeit gibt es nicht.

Denn egal wie diszipliniert, organisiert oder motiviert sie auch sind, die beiden vollkommen unterschiedlichen Lebensbereiche lassen sich nicht ohne Weiteres vereinbaren. Zumindest solange unsere zukünftigen Tage weiter 24 Stunden haben und wir ab und an auch noch unseren Grundbedürfnissen nachgehen müssen. Ganz zu schweigen von der daraus entstehenden dauerhaften Überreizung und den mangelnden Freiräumen für Ruhe und Entspannung.

Einige ehrgeizige Frauen und Männer unter Ihnen fragen jetzt vielleicht: wieso denn nicht? Schließlich ist alles nur eine Frage der Organisation. Spätestens wenn Sie selbst Eltern werden, verstehen Sie den Grund dafür.

Gern möchte ich sie teilhaben lassen an einem ganz normalen „Mompreneurin"- oder sagen wir lieber Monstertag, der sicher für eine normalsensible Frau bereits grenzwertig ist, eine Hochsensible aber an den Rande des Wahnsinns bringen wird.

Nach einem Wochenende in Familie starten Sie gut gelaunt in den Montag, natürlich mit dem Wissen, dass Sie jede Menge Projekte in dieser Woche erwarten. Im Best Case erhalten Sie wie ich optimale Unterstützung durch Ihren Partner, der das gemeinsame Kind morgens in den Kindergarten bringt. Ein paar Minuten, die Ihnen für die Grundbedürfnisse wie Duschen bleiben. Nun haben Sie einen gut organisierten Arbeitstag vor sich, an dem Sie alle Aufgaben beflissentlich erledigen, und holen direkt im Anschluss daran am Nachmittag Ihr/e Kind/Kinder wieder ab. Natürlich nicht zu spät, denn vergessen Sie nicht, eine Mompreneurin gibt in beiden Lebensbereichen jeweils 100 Prozent. Nehmen wir einmal an, Sie haben Ihre Arbeitswoche top organisiert und auch die Freizeit mit ihren Kindern gut im Griff. Alles läuft nach Plan … allerdings nur so lange, bis etwas Außerplanmäßiges passiert. Ein angeschrammtes Knie (bei hochsensiblen Kindern droht hier schon ein erster kleiner Weltuntergang) gehört hier noch zu den harmlosen Alltagsvorkommnissen. Lustig wird es, wenn ein Magen-Darm-Infekt, eine Hand-Fuß-Mund-Krankheit oder Windpocken über die perfekt geplante Woche hereinbrechen und sie vollkommen zum Erliegen bringt. Dann ist zunächst das Kind und bei hochsensiblen Eltern meist auch mindestens ein Elternteil krank (aus eigener schmerzhafter Erfahrung kann ich Ihnen verraten, dass zum Beispiel eine Hand-Fuß-Mund-Krankheit bei einer Mutter deutlich schwerer und zeitintensiver verlaufen kann als bei einem Kind).

Die Mompreneurin verschiebt ihre Prioritäten in Richtung Kind, darunter leidet allerdings die Arbeit. Oder sie überträgt die Pflege ihres kranken Kindes auf eine dritte Person, darunter leidet schließlich die Mutter-Kind-Beziehung.

Egal wie sie es auch dreht und wendet, die vermeintliche Powerfrau gerät unter Druck, und das Bild der „Mompreneurin“ bröckelt. Und das ist auch gut so, denn nur so wird deutlich, dass die Vereinbarkeit der Familie mit der Selbstständigkeit anders aussehen muss.

Nur wenn Abstriche gemacht werden und die Selbstständigkeit auch Unterstützung im Familiengefüge erhält, lässt sich eine selbstständige Arbeit gut mit dem Familienleben vereinbaren.

Erst die Unterstützung durch Partner, Großeltern und Freunde macht eine Umsetzung in der Praxis möglich. Allerdings können Hochsensible selbst unter optimalen Bedingungen aufgrund ihres erhöhten Bedürfnisses nach Ruhephasen hier manchmal an ihre Grenzen stoßen. Das ist nicht weiter schlimm, denn auch diese Grenzen gehören zum Leben dazu.

Ich habe für mich selbst einen ganz guten Konsens gefunden, der Privatleben und Selbstständigkeit solide vereinbaren lässt.

Was für Außenstehende, insbesondere Menschen, die im klassischen Angestelltenverhältnis tätig sind, unvorstellbar ist, gehört zur Selbstbestimmung hochsensibler Selbstständiger dazu.

Ich stürze morgens nicht aus dem Haus in den Berufsverkehr, sondern genieße das Frühstück mit meiner Familie.

Dafür verzichte ich häufig auf eine Mittagspause. Die üblichen Arbeitnehmerstunden zwischen 15-18 Uhr gehören meist meiner kleinen Tochter, und damit verbunden verbringen wir viel Zeit auf dem Spielplatz, im Wald oder hüpfend auf dem Trampolin. Dafür widme ich öfters die Abendstunden oder auch die Zeit am Wochenende, in der meine Tochter beispielsweise auf heißgeliebter Baumarkt-Tour mit ihrem Papa oder mit Oma und Opa im Tierpark ist, dem konzentrierten Arbeiten.

Für meine freie Arbeitsgestaltung sind natürlich ein gutes Timing und Zeitmanagement notwendig. In Summe arbeite ich ähnlich viel wie ein Angestellter, nur individuell auf mein Leben abgestimmt, mit anderen Zeitplänen und mit größerer Abwechslung.

Hochsensible Selbstständige haben nicht mehr Freizeit, aber sie definieren, wann sie Freizeit haben.

Für unerwartete Ereignisse wie die üblichen Kinderkrankheiten habe ich, wie wohl alle Eltern, leider keinen Masterplan.

Dann heißt es kurzfristig umdisponieren und vor allem eines: offen kommunizieren. Das gilt sowohl für die Arbeitswelt als auch für das Privatleben. Denn nur wenn ein Auftraggeber weiß, dass sich ggf. das Projektziel um ein paar Tage verschiebt, oder die Oma offen darum gebeten wird, ein paar Stunden liebevolle Zweisamkeit mit ihrer Enkelin zu verbringen, können realistische Anforderungen und Erwartungen erfüllt werden.

Der Türöffner für eine gesunde Vereinbarkeit von beruflicher Selbstständigkeit und Familie ist die offene Kommunikation.

Denn wissen Sie, was eine offene Kommunikation alles möglich macht? Gerade im Gespräch mit Kunden stellt sich dann schnell heraus, dass die Geschäftsführer von Unternehmen auch Väter und Mütter oder die Ansprechpartnerinnen in Unternehmen gerade schwanger sind ... Dass ebendiese Menschen sich genau die gleichen Fragen zur Vereinbarkeit von Beruf und Familie stellen und die gleichen Balanceakte vollziehen.

Ähnlich verhält es sich mit einer offenen Kommunikation in der Familie. Lebenspartner, die beide arbeiten, wissen, dass in bestimmten Situationen beide auch in familiären Angelegenheiten gleichermaßen gefordert sind. Werden hier Themen offen besprochen und Aufgaben geteilt, können berufliche Engpässe oft schon im Vorfeld umgangen werden. Gerade wenn beide Partner selbstständig sind, lässt sich hier die eine oder andere Lücke individueller planen und schließen.

Mit einem Lächeln geht vieles leichter, insbesondere wenn Ansprüche und Erwartungen nicht zu hoch geschraubt werden.

Ganz wichtig ist dabei auch einmal das gemeinsame Lachen über eine verpatzte Situation oder über einen „Peinliche-Eltern-Moment". Es ist bei Weitem nicht alles perfekt, und es wäre auch schade, wenn alles so vorbildlich wäre. Wo bliebe dann der Spaß?

Oft springen aber auch die Großeltern liebend gern ein, um etwas Zeit mit ihren Enkelkindern zu verbringen; sie müssen nur wissen, dass sie gerade besonders gebraucht werden und einem Familienmitglied damit den Rücken freihalten können.

Dabei geht es nicht um das „Abschieben" der Kinder, sondern vielmehr um ein gesundes Familiengefüge, Generationen und Traditionen, die miteinander verbunden sind, miteinander leben und voneinander lernen können.

Wussten Sie, dass nicht nur Frauen ambitionierte, um nicht zu sagen überzogene Ansprüche an die Vereinbarkeit von Familie und Beruf haben? Auch immer mehr Männer wünschen sich mehr Zeit mit ihren Kindern. Für mehr als jedes dritte Kind (34,2 %), das 2014 in Deutschland geboren wurde, bezog auch der Vater Elterngeld (Statistisches Bundesamt 2014, Väterbeteiligung am Elterngeld für im Jahr 2014 geborene Kinder). Heißt im Umkehrschluss: Jeder dritte Vater hat sich auf bestimmte Zeit sogar vollkommen aus der Arbeitswelt zurückgezogen, um mehr Zeit mit seinen Kindern zu verbringen.

Leider gibt es derzeit keine verlässlichen Quellen, wie viele selbstständige Väter mit dem Neugeborenen zu Hause bleiben oder wie hier die Vereinbarkeit gelöst wird.

Also vergessen Sie die Klischees der „Mompreneurin" oder das neu kreierte Kunstwort des „Dadpreneurs".

Wir sind Hochsensible, oft mit hochsensiblem Nachwuchs, die individuell entscheiden müssen, was sie sowohl beruflich als auch privat imstande sind, gerade leisten zu können.

Jeder Mensch benötigt einen natürlichen Ausgleich zwischen Privat- und Berufsleben. Vielen gelingt dieser auch mehr oder weniger problemlos.

Hochsensible geraten allerdings schneller aus dem Gleichgewicht. Wir müssen immer ein bisschen mehr auf unseren Körper und Geist hören und uns selbst die Möglichkeiten geben, zur Ruhe zu kommen und „runterzufahren".

Spätestens, wenn Sie nach der Arbeit bemerken, dass die Energie bereits beim Abholen Ihrer Kinder am Nachmittag schon aufgebraucht ist, wird es Zeit für eine Ruhepause. Denn wenn Sie selbst überreizt sind, überträgt sich das schnell auf die Kinder. Vergessen Sie nicht: Oft haben auch sie besonders feine Antennen und spiegeln unser Verhalten wider.

Für die notwendige Entspannung kann der Spaziergang mit dem Hund, Meditation, ein gutes Buch oder ein gemütlicher Abend auf der Couch sorgen. In einem Familiengefüge, wo die einzelnen Mitglieder um die Hochsensibilität der anderen wissen und in dem die Kinder bereits mit dem Thema aufwachsen können, lassen sich auch alle positiven Seiten vollständig entfalten.

In hochsensiblen Familien gilt oft: „Weniger ist mehr."

Nach getaner Arbeit und nach dem Kindergarten oder der Schule sorgt vielleicht ab und an ein Sportnachmittag für Ausgleich. Oft genügt es aber einfach, die gemeinsame freie Zeit miteinander zu genießen. Ganz ohne dass dahinter jeden Nachmittag ein anderes durchgeplantes Programm – Instrument lernen, Freizeitparks erkunden oder Sportrekorde brechen – steht. Denn ähnlich wie Sie die Ruhe und den Ausgleich immer wieder suchen, benötigen auch Ihre Kinder diese Freiräume, in denen sie einfach einmal vor sich hin träumen oder im Spiel versunken sein dürfen.

Wenn bereits Ihre Kinder den sorgsamen Umgang mit einem hochsensiblen Leben erlernen, fällt es ihnen später deutlich leichter, die damit verbundenen Gaben wie Empathie, Kreativität, vernetztes Denken oder eine differenzierte Wahrnehmung in ihrem Erwachsenenleben bewusst einzusetzen.

Der Gedankenaustausch mit dem Partner kann die Entwicklung der hochsensiblen Selbstständigkeit fördern.

Was im Familienleben häufig untergeht, ist die gemeinsame Zeit mit dem Partner. Dabei meine ich nicht die Zeit, die gemeinsam mit Lebensgefährte und Kindern verbracht wird, sondern ausschließlich Zeit unter „Erwachsenen". Zwischen Beruf und Familienleben mit Kindern findet diese Zeit oft viel zu wenig Beachtung. Sie ist aber gerade für hochsensible Selbstständige besonders wertvoll. Das klingt vielleicht zunächst egoistisch, aber wenn Sie es schaffen, ab und an Zeit zu zweit zu verbringen, tut das nicht nur Ihrer Beziehung gut, sondern oft auch Ihrer Selbstständigkeit. Hier haben Sie die Möglichkeit, mit einem nahestehenden Menschen, der sie so gut kennt wie kaum jemand in Ihrem Umfeld, auch Gedanken auszutauschen, die Sie sonst vielleicht nur in Ihrem Kopf spinnen und niemals laut äußern würden.

Ich schätze die Gespräche, in denen ich ungestört von Ablenkungen (und von denen gibt es mit einem Kleinkind jede Menge und ständig wechselnde) über berufliche Visionen philosophieren oder auch einfach einen bevorstehenden Auftrag besprechen kann. So schmore ich nicht ständig im eigenen Gedankensaft meiner Arbeitswelt, sondern habe die Möglichkeit, neue Anregungen zu sammeln, Wirkungen zu reflektieren oder mich von anderen Ansichten inspirieren zu lassen. Natürlich ist es im Alltag oft gar nicht so leicht, diese ausschließlich zweisame Zeit freizuschaufeln, aber jedes Mal, wenn es gelingt, bemerke ich, dass mir die Gespräche rund um die berufliche Entwicklung mit Empathie und Kreativität sehr gut tun und meine Arbeit bereichern. So funktioniert es natürlich auch umgekehrt. Ganz nebenbei haben diese Gespräche noch einen wertvollen Nebeneffekt: Wir wissen beide, was den Partner aktuell beruflich bewegt und an welchen Stellen es gerade Stressauslöser oder Probleme gibt. So gelingt es auch im Alltag, leichter aufeinander einzugehen und Stimmungen zu berücksichtigen. Dieses Miteinander, anstelle von Nebeneinander, der Erwachsenen kommt letztendlich auch den Kindern im Familiengefüge zugute, weil der Fokus dann auf dem Familienleben ruht.

Nutzen Sie die vielseitigen Möglichkeiten der beruflichen Selbstständigkeit

- Vereinbaren Sie Arbeit und Familie individuell.
- Ziehen Sie keine Vergleiche mit anderen Familien.
- Leben Sie selbstbestimmt Ihr ganz eigenes hochsensibles Familienleben.

3.7 Heißgeliebter Schlaf

Ein altes chinesisches Sprichwort besagt:

„Wenn du eine Stunde lang glücklich sein willst, dann schlafe ...“

Johann Wolfgang von Goethe hat über den Schlaf geschrieben:

„Süßer Schlaf!
Du kommst wie ein reines Glück ungebeten,
unerfleht am willigsten.
Du lösest die Knoten der strengen Gedanken,
vermischest alle Bilder der Freude
und des Schmerzes,
ungehindert fließt der Kreis
innerer Harmonien,
und eingehüllt in gefälligen Wahnsinn
versinken wir und hören auf zu sein."

Der Mittagsschlaf hat positive Effekte auf die kognitive Leistungsfähigkeit und die Stimmung.

Aber selbst Experten sind sich uneins, wie lange der Schlaf denn dauern sollte. Einige Schlafstudien gehen davon aus, dass der Mittagsschlaf keinesfalls länger als 30 Minuten dauern sollte. Andere Ergebnisse legen wiederum nahe, dass der Mittagsschlaf unter einer Stunde keine Wirkung erzielt.

Kurzum - ich halte nicht viel von diesen Aussagen, die alle Menschen in die gleiche Schublade stecken und allgemeingültige Schlüsse ziehen. Ich bin der festen Überzeugung, jeder Körper regelt sein Schlafbedürfnis individuell selbst. Man muss nur darauf hören und ihm nachgeben. Leider scheinen das in unserer schnelllebigen Zeit, mit einer ständig nach noch mehr Flexibilität schreienden Arbeitswelt, immer mehr Menschen verlernt zu haben. Viele scheinen im Schlaf nur noch ein notwendiges Übel zu sehen. Der Stresspegel ist dann so hoch, dass es irgendwann zu Schlafstörungen kommt und ein sich selbst regelnder Schlaf gar nicht mehr möglich ist.

Um ehrlich zu sein, habe ich diesen Zustand nie kennengelernt.

Schlaf ist reines Glück und etwas Essenzielles.

Ich kann eine Zeit lang ohne Nahrungsmittel sein oder auf andere Dinge verzichten, aber nicht auf meinen Schlaf. Der Schlaf ist für mich nicht nur eine Quelle der Regeneration, sondern auch der Inspiration.

Meine Familie wird an dieser Stelle schmunzeln (ja, ich bin ein Murmeltier), denn bereits als Baby verbrachte ich jede Menge Zeit im Tiefschlaf. Im Kleinkindalter sorgte sich meine Mutter um meine Gesundheit, weil ich das Laufgitter nicht wie meine Altersgenossen zum Spielen, sondern zum Schlafen nutzte. Auch während meiner Schul- und Studienzeit nutzte ich zumindest die Wochenenden auch für einen Mittagsschlaf.

Auch heute noch stoße ich regelmäßig auf Unverständnis, weil ich gern schlafe. Handelt es sich dabei aber am Ende nicht auch nur um eine gesellschaftliche Norm, weil der Großteil hierzulande zwischen 6-8 Stunden in der Nacht, also einmal in 24 Stunden, schläft?

Der Mittagsschlaf wird in unseren Breitengraden fast ausschließlich für Babys, Kleinkinder oder Senioren reserviert. Schaut man sich andere Länder und Kulturen an, ist der Mittagsschlaf fester gesellschaftlicher Bestandteil. Dafür müssen wir uns gar nicht so weit über unsere Ländergrenzen hinweg umschauen. In Zentral- und Süditalien schließen die Läden und Büros häufig zwischen 13 und 15 Uhr für die Mittagspause. In Japan schätzen die Menschen ihr Inemuri (jap.: „anwesend sein und schlafen"), ein Nickerchen, was durchaus auch in der Pause einer Konferenz etc. durchgeführt wird. Aber nur nicht zu lange, denn sonst könnten sie als faul angesehen werden.

Wahrscheinlich liegt auch genau hier die Krux. Es ist wie so oft wieder einmal die Außendarstellung, jenes Bild, was wir anderen Menschen gern vermitteln möchten. In unserem Umfeld brüsten sich Menschen für ein geringes Schlafbedürfnis. Als Credo scheinen frühes Aufstehen und viele Arbeitsstunden vorzuherrschen.

Warum sollte ein Mensch, der mehrere Ruhe- und Schlafphasen nutzt, nicht überaus produktiv sein?

Oder andersherum gefragt: Haben Sie sich schon einmal die Tagesabläufe typischer Büroangestellter angesehen?

Vielleicht kennen Sie sie aus eigenen Erfahrungen. Jeden Morgen klingelt scheinbar viel zu früh der Wecker. Gerade die Eltern unter Ihnen wissen, was das morgens für einen Stress bedeutet, wenn die Kinder vor der Arbeit noch in den Kindergarten oder in die Schule müssen. Viele Menschen hetzen sich (inklusive einem knappen Frühstück) ab, um pünktlich um 8 Uhr im Büro zu sein.

Wussten Sie, dass wir allerhand statistische Erhebungen rund um KFZ-Unfallursachen durchführen, aber Schläfrigkeit oder Schlafstörungen als Ursachen von Verkehrsunfällen oft unbeachtet bleiben?

Unsere moderne Gesellschaft leidet unter chronischem Schlafmangel.

Hans-Jürgen Weeß (Die schlaflose Gesellschaft, 2015) erklärt eindrucksvoll den Umstand, dass durch mangelnden Schlaf doppelt bis dreifach so viele Menschen im Straßenverkehr ums Leben kommen wie durch den Konsum von Alkohol. Jeder Alkoholsünder wird von uns schwer verurteilt, aber was ist mit all den Menschen, die unter chronischem Schlafmangel leiden?

Auf der Arbeit angekommen wird der PC angeschaltet und dann? Einen Kaffee oder Tee besorgt, um die Müdigkeit zu vertreiben … einen Schwatz mit dem Kollegen gehalten … vielleicht einen Abstecher in die aktuellen Onlinemedien gemacht …

Ein klassischer Arbeitstag im Angestelltendasein hat acht Stunden, doch wie viele Stunden davon werden einfach nur abgesessen? Es sind im Grunde täglich wahrscheinlich nur 4-5 Stunden, die für die eigentliche Arbeitsaufgabe genutzt werden. Alle anderen Tätigkeiten verschwenden letztlich nur Zeit, die Arbeitnehmer glauben am Arbeitsplatz verbringen zu müssen, weil es der Arbeitsvertrag, der Vorgesetzte oder die Gesellschaft so vorsehen.

Was also spricht dagegen, diese vollkommen veralteten Strukturen aufzubrechen und die Arbeitszeit wirklich produktiv zu nutzen? Dazu gehört auch, dass Körper und Geist regelmäßige Ruhepausen erhalten. Nur so können Sie im

Anschluss auch wieder mit vollem Arbeitseifer und -einsatz ans Werk gehen.

Hochsensible benötigen regelmäßige Ruhephasen und Schlaf, um im Gleichgewicht bleiben zu können.

Was ist gegen einen kurzen Schlaf oder Meditation in der Mittagspause einzuwenden? Offenbar eine Menge, denn jedes Mal, wenn ich Menschen in meinem Umfeld davon berichte, dass ich die Mittagspause immer wieder für eine Yogastunde nutze, schaue ich anschließend in vollkommen entgeisterte Gesichter.

Mittlerweile mache ich mir einen Spaß daraus, weil ich schon im Voraus weiß, wie Reaktionen auf derartige Aussagen ausfallen. Folglich muss ich innerlich schon schmunzeln, bevor sich dann der bereits gewohnte „Überraschungs-Ausdruck" in der Mimik des Gegenübers abzeichnet.

Kurioserweise bekomme ich von denselben Menschen in regelmäßigen Abständen erneut die Frage gestellt, ob ich es zeitlich immer noch schaffe, in der Mittagspause Yoga zu machen. Als ob sie sich davon überzeugen müssten, dass dies in der Tat nicht nur ein vorübergehendes seltenes Phänomen, sondern regelmäßige Praxis ist.

Aber ist es wirklich so unvorstellbar für sie? Oder ist es vielmehr eine unausgesprochene Sehnsucht, ebenso flexibel und frei ihre Arbeitszeit einteilen zu können? Ein tief in uns verwurzeltes Verlangen, Körper und Geist wieder in Einklang zu bringen?

Wir durchleben einen Bewusstseinswandel.

Interessant zu beobachten ist ein gewisser Bewusstseinswandel in der Gesellschaft, u.a. wird mir dieser gerade in besagter Yogagruppe in der Mittagspause deutlich. Diese Gruppe ist eine bunte Mischung aus Angestellten und Selbstständigen, die jedoch alle etwas gemeinsam haben. Sie haben ein Bewusstsein dafür entwickelt, dass gerade die Mittagspause einen idealen Ausgleich zur Arbeit schaffen kann.

Neben diesem Bewusstsein verbindet uns noch ein weiterer Aspekt: die Tatsache, dass wir selbstbestimmt darüber entscheiden können, dass wir uns nicht erst durch den ganzen Tag kämpfen, um eine Stunde Tiefenentspannung genießen zu können, sondern uns dazu entschließen, die Zeit unseren individuellen Bedürfnissen anzupassen und nicht umgekehrt.

Gerade morgens nach dem Aufstehen, wenn ich eine lange und erholsame Nacht hatte, oder auch nach dem Mittagsschlaf sprüht mein Geist förmlich vor Ideen. Ich kann mich dann hochkonzentriert, oft für mehrere Stunden am Stück, ganz meiner Arbeit widmen und schaffe es, in kürzester Zeit höchst produktiv zu sein.

Umgekehrt gibt mir mein Körper deutliche Signale, wenn ich zu lange über der Arbeit gesessen habe und eine Pause notwendig ist. Die Natur hat das wunderbar eingerichtet, und gerade Hochsensible können hier auf ihre innere Stimme vertrauen und sich danach ausrichten.

Ich handhabe es seit ein paar Jahren ganz einfach so: Ich schlafe gern, und ich stehe dazu. Getreu dem Motto:

Schlafen und schlafen lassen.

Schlaf ist etwas Wundervolles! Warum sollte sich jemand daran stören?

Auch bei Hochsensiblen kann das Schlafbedürfnis sicher ganz unterschiedlich ausfallen

- Unterdrücken Sie Ihre Bedürfnisse nicht und treffen Sie selbstbestimmt die Entscheidung für Ihre Ruhe- oder Schlafpausen.
- Machen Sie sich unabhängig von der gesellschaftlichen Norm.

3.8 Persönliche Komfortzone

Wir kennen sie alle: Unsere ganz persönliche Komfortzone. Bereits von Kindesbeinen an schaffen wir uns diese Komfortzone auf ganz individuelle Art und Weise. Es ist unser ganz eigener Wohlfühlbereich, getreu dem Ausruf von Goethes Faust (Teil I, Vor dem Tor, Osterspaziergang):

„Hier bin ich Mensch, hier darf ich's sein."

Ich habe bereits in den frühen Jahren meiner Kindheit diese Komfortzone zunächst in Form meines elterlichen Wohnhauses sehr genossen und gepflegt. In dieser Zone hatten nur die engsten Vertrauten Platz und Zutritt. Allen anderen verwehrte ich, damals noch vollkommen unbewusst, den Zugang zu dieser Welt.

Bereits der Besuch des Kindergartens bedeutete für mich den schmerzvollen Verlust des Schutzes durch meine Komfortzone. Oft quälte ich mich durch die Stunden, um anschließend endlich wieder hinter meinem kleinen kindlichen Schutzwall Deckung zu suchen. Auch während der Schul- und Studienzeit sehnte ich mich oft danach, einfach in meiner persönlichen Komfortzone verschwinden zu können.

Spätestens mit Eintritt in die Arbeitswelt vermisste ich meine Schutzzone enorm. 5 Tage die Woche quälte ich mich bereits morgens gegen 7 aus meiner Komfortzone heraus, um pünktlich um 8 für den ganzen Tag am vorgeschriebenen Arbeitsplatz zu sein. Ein Schreibtisch, eine Topfpflanze, ein PC – eigener Wohlfühlbereich: Fehlanzeige. Verbunden mit den ständigen Störungen durch Kollegen, Telefon, Mails, Meetings, Terminen kam mir der Verlust meiner Komfortzone wie ein Weltuntergang vor.

Die Selbstständigkeit ist der Sieg über die eigene hochsensible Komfortzone.

Ich erschuf mir nicht nur das Büro, sondern auch meinen Schreibtisch zu Hause nach meinem individuellen Gusto. Die Grenzen meiner Arbeit und meines Privatlebens, zwischen Büro und heimischem Schreibtisch sind seitdem fließend. Doch nicht nur die örtlichen Gegebenheiten spielen dabei eine sehr große Rolle. Hinzu kommt die Zusammenarbeit mit ausgewählten Menschen, zu selbst bestimmten Zeiten, die dem Harmoniebedürfnis von hochsensiblen Personen sehr entgegenkommen. Ein wunderbarer Zustand, denn Rückzug und Regeneration sind nahezu jederzeit selbstbestimmt möglich.

Allerdings liegt darin auch eine Gefahr, die oft erst viel später in ihrem ganzen Ausmaß deutlich wird. Die Gefahr, sich zu weit zurückzuziehen, sich tagelang in Arbeit versunken von der Außenwelt zu isolieren und damit auch jede Abwechslung stark einzuschränken.

Die Gefahr der persönlichen Komfortzone lauert für hochsensible Selbstständige in der Isolation.

Oft ist dann nur noch einer der wenigen auserwählten Menschen, die sich im „inneren Kreis" der Komfortzone bewegen, imstande, auf diesen Zustand hinzuweisen, ohne dass sich die hochsensible Persönlichkeit dadurch gleich kritisiert fühlt. Alle anderen Menschen versehen diesen Zustand des inneren Rückzugs bereits mit dem Stempel der „Unnahbarkeit".

Wahrscheinlich liegt hier die Ursache dafür begründet, dass Hochsensible zwar scheinbar viele Menschen kennen, aber nur die wenigsten wirklich auch „in den inneren Kreis" aufnehmen oder von echten Freunden sprechen. Die wahre Komfortzone des hochsensiblen Naturells bleibt den meisten Menschen im Umfeld dadurch verborgen. Doch genau hier liegt das Problem. Denn wir erwecken für die Außenwelt manchmal den Eindruck, „unnahbar" zu sein. Ein Paradoxon für Hochsensible, denn oft kreisen die Gedanken unaufhörlich, und wir beschäftigen uns im Geiste tiefgründig mit Inhalten, Fragen, gesagten Worten und deren Wirkung, insbesondere auf andere Menschen.

Ich kenne diesen Zustand sehr genau, und mir wurde im Laufe der letzten Jahre mehrfach gesagt, dass ich unnahbar oder teilweise sogar arrogant wirke. Das war mir früher nie bewusst gewesen, geschweige denn dass ich es beabsichtigt hätte. Die Unnahbarkeit, die von den anderen wahrgenommen wurde, war lediglich mein Schutzschild und die Abgrenzung, quasi die Haustüre zu meiner persönlichen Komfortzone.

Eine wunderbare Anekdote hierfür lieferte mir erst kürzlich eine Bekannte, die als Ärztin tätig ist und nicht nur aufgrund ihrer selbstständigen Tätigkeit einen gewissen Respekt bei ihrem Gegenüber erzeugt. Sie verfügt über ebendiese Ausstrahlung, die vorschnell als unnahbar abgetan wird. In einer geselligen Runde kamen wir etwas abseits vom Trubel in ein persönliches Gespräch. Sie berichtete mir, dass eine ihrer Arzthelferinnen in der Praxis überraschend gekündigt und sie sich tagelang den Kopf darüber zerbrochen hatte, was die Ursache für diese Kündigung sein könnte. Sie dachte, die Kollegin fühlte sich wohl bei der Arbeit, und sprach sie nach der Kündigung noch einmal persönlich auf die Gründe an. Die Antwort hatte sie sichtlich erschüttert. Nachdem die Mitarbeiterin ihr mitteilte, dass sie grundsätzlich nicht verpflichtet wäre, ihr die Kündigung zu begründen, meinte sie, die Ärztin sei sowieso immer so unnahbar gewesen. Ein Schlag, der sie, die eigentlich darauf bedacht war, mit ihrem Handeln genau das Gegenteil zu bewirken und für eine harmonische Arbeitsatmosphäre zu sorgen, getroffen hatte. Noch schlimmer empfand sie aber den Umstand, dass eine derartige Situation kein Einzelfall und bereits zum wiederholten Male aufgetreten war.

Wahrscheinlich kennen Sie ganz ähnliche Situationen, in denen man Ihnen persönlich mitteilt oder aber, was wohl deutlich häufiger der Fall ist, hinter vorgehaltener Hand darüber spricht, dass Sie distanziert oder schlimmstenfalls sogar arrogant wirken.

Gerade für die Selbstständigkeit ist diese Wahrnehmung natürlich alles andere als förderlich. Schließlich ist es gerade im Umgang mit Kunden entscheidend, dass eine vertraute Atmosphäre vorherrscht, in der sich der Kunde vor allem verstanden fühlt.

Hochsensible neigen zum Perfektionismus.

Was die meisten normalsensiblen Menschen nicht wissen, ist der Umstand, dass Hochsensible einen besonders hohen Anspruch an sich selbst haben und zum Perfektionismus neigen. Während sie selbst darauf bedacht sind, auch in ihrer Arbeit alles perfekt zu machen, und äußerst sensibel im Hinblick auf ihre eigenen Schwächen sind, wirken Sie in der Außendarstellung schnell unnahbar.

Unsere Komfortzone birgt also gleich mehrere Gefahren. Darunter die eine, sich zu weit zurückzuziehen und für andere Menschen den Anschein zu erwecken, nicht mehr erreichbar zu sein. Wichtig wäre es an dieser Stelle, auch fremden Menschen einen kleinen „Vertrauensvorschuss" zu gewähren, um bewusst eigene Mauern einzureißen. Zugegeben oft gar nicht so einfach und leichter gesagt als getan.

Hochsensible Selbstständige lieben die Abwechslung, diese wird nur durch den Ausbruch aus der persönlichen Komfortzone möglich.

So sehr ich meine eigene Komfortzone auch liebe, habe ich es mir in den Jahren meiner Selbstständigkeit zur Gewohnheit gemacht, regelmäßig den notwendigen, also geplanten Ausbruch zu realisieren. Denn die Selbstständigkeit erfordert ein gewisses Maß an Umgang mit anderen Menschen. Der erste Eindruck der Unnahbarkeit verschwindet dann häufig von selbst, wenn Kunden einen Einblick in meine Arbeit erhalten oder mich im Laufe der Zeit besser kennenlernen.

Leider geht der persönliche Umgang im Zeitalter von E-Mail, Internet und Online-Plattformen zu sehr verloren. Aber gerade die symphytische persönliche Note im geschäftlichen Umfeld ist einer der großen Pluspunkte. Ein weiterer Vorteil liegt darin, dass ich mein eher introvertiertes Wesen in diesen, dem Umstand nach erforderlichen extrovertierten Momenten überwinden muss und solche Augenblicke mir dann Bestätigung geben und mein Selbstvertrauen stärken.

Es ist also wie mit so vielem: Das richtige Maß bestimmt die Dinge.

Nur indem ich ab und an meine Komfortzone verlasse, schaffe ich genügend Abwechslung, die ich als Hochsensible unbedingt brauche. Danach kann ich deutlich spüren, dass mir die Impulse von außen guttun und dass ich diese für meine Entwicklung einsetzen kann. Wichtig dabei ist die richtige Mischung aus geschäftlichen und privaten Kontakten und vor allem, wie diese Kontakte und die damit verbundenen Gespräche im Nachgang auf mich wirken.

Ohne „Energieräuber" lässt es sich leichter leben.

Dazu gehört auch, dass ich es mittlerweile weitestgehend vermeide, Menschen zu treffen, die zu viel Energie ziehen oder negative Energien auf mich übertragen.

Das mag zunächst vielleicht seltsam für Sie klingen. Aber jeder kennt diese Menschen und hat auf die eine oder andere Art bereits seine Erfahrungen mit ihnen gesammelt.

Es sind die Menschen, die immer einen gewisses Maß an Pessimismus verbreiten, meist ausschließlich das Negative sehen oder sich ständig über irgendetwas im privaten oder beruflichen Umfeld beschweren.

Ich rede nicht davon, dass jemand einmal eine schlechte Zeit oder schwere Phase durchmacht, traurig ist oder seinem Ärger Luft macht, sondern davon, dass dieser Ärger ein integraler Bestandteil des Lebens dieses Menschen ist.

Leider sind die Energieräuber, ich nenne sie der Einfachheit halber einmal die „Ewig-Unzufriedenen", häufig im Angestelltendasein zu finden.

Im Gespräch mit den „Ewig-Unzufriedenen" kann ich immer deutlich spüren, wie die negativen Energien Besitz von mir ergreifen.

„Nur noch kurz die Welt retten ..."(à la Tim Bendzko) ist für Hochsensible unmöglich.

Eine Zeit lang wurde in mir dann immer mein „Helfersyndrom" geweckt, und ich versuchte mich an konstruktiven Vorschlägen und Ideen, um ebendiesen Personen das Leben irgendwie schöner und erträglicher machen zu können. Bis ich irgendwann bemerkte, dass die „Ewig-Unzufriedenen“ dies überhaupt nicht wollen. Das bemerkte ich daran, dass – kaum war ein Problem beseitigt – ein scheinbar unüberwindbar neues auftauchte, in einem stetigen und gleichbleibenden Rhythmus.

Die Unzufriedenheit ist ein Teil dieser Menschen, und nur diese scheint ihrem Dasein eine gewisse Berechtigung zu geben.

Kurzum, ich verbanne die „Ewig-Unzufriedenen“, soweit es geht, aus meinen persönlichen Kontakten. Leider gibt es immer wieder Lebens- oder Geschäftsumstände, die aufs Neue einen „Ewig-Unzufriedenen“ mit sich bringen; dann versuche ich, das Gespräch so kurz und konstruktiv wie möglich zu halten, ohne näher auf den aktuellen Umstand der Unzufriedenheit einzugehen. Das dient in diesen Situationen meinem Selbstschutz und meiner Abgrenzung, denn außer der Übertragung negativer Energien gibt es mit dieser Form der Energieräuber hier keinen sinnvollen Austausch.

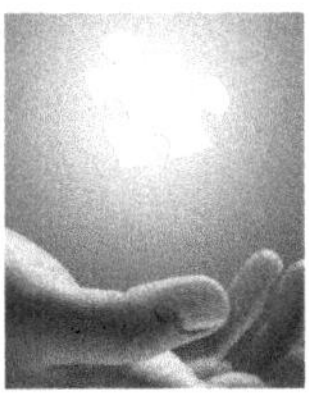

Gestalten Sie sich Ihre persönliche Komfortzone nach Ihren individuellen Wünschen

- Aber pflegen Sie regelmäßige Termine mit Kunden und Familie/Freunden für eine optimale Balance zwischen persönlicher Komfortzone und Austausch mit Ihrem Umfeld.
- Vermeiden Sie Treffen, bei denen Ihnen dauerhaft unzufriedene Menschen starke negative Energien übermitteln.

3.9 Individuelles Glück

Viele Philosophen und Schriftsteller haben über die Jahrtausende hinweg immer wieder versucht, eine Art Glücksdefinition zu finden.

Ich habe Ihnen hier in diesem Abschnitt eine Reihe von Glückszitaten zusammengetragen, die zeigen, dass die Frage nach dem Glück ganz unterschiedlich beantwortet bzw. interpretiert werden kann.

Was die Antworten auf die Frage nach dem individuellen Glück liefert, muss letztendlich jeder für sich selbst herausfinden.

Mir persönlich zeigen die Zitate, dass es an diversen Stellen offenbar erstaunliche Gemeinsamkeiten gibt, die Glück ausmachen.

Lassen Sie sich einmal kurz von den zahlreichen, unterschiedlichen Zitaten, die ich Ihnen hier in chronologischer Reihenfolge zusammengestellt habe inspirieren (erstaunlich, wie weit diese in die Geschichte zurückreichen, nicht wahr?).

Genießen Sie diesen wunderbaren und schönen Moment der Glücks-Erkenntnis, der sich danach vielleicht einstellen wird.

„Es gibt keinen Weg zum Glück.
Glücklichsein ist der Weg."

(Siddhartha Gautama Buddha,
Begründer des Buddhismus, 6. Jhd. v. Chr. – 5. Jhd. v. Chr.)

„Wer ist glücklich? Wer Gesundheit, Zufriedenheit und Bildung in sich vereinigt."

(Thales von Milet, griechischer Philosoph und Mathematiker, um 624 v. Chr. – um 547 v. Chr.)

„Das Glück Deines Lebens hängt von der Beschaffenheit Deiner Gedanken ab."

(Marc Aurel, römischer Kaiser, 121–180)

„Glaube an dein Glück, so wirst du es erlangen."

(Ali ibn Abu-Talib, Vetter und Schwiegersohn des Propheten Mohammed, um 600–661)

„Wer will, soll glücklich sein, denn morgen ist uns nichts gewiss."

(Lorenzo I. de' Medici, italienischer Dichter und Stadtherr von Florenz, 1449–1492)

„Der höchste Genuss besteht in der Zufriedenheit mit sich selbst."

(Jean-Jacques Rousseau, französisch-schweizerischer Schriftsteller und Philosoph, 1712–1778)

„Neun Zehntel unseres Glücks beruhen allein auf der Gesundheit."

(Arthur Schopenhauer, deutscher Philosoph, 1788–1860)

„In uns selbst liegen die Sterne unseres Glücks."

(Heinrich Heine, deutscher Dichter und Schriftsteller, 1797–1856)

„Die meisten Menschen sind so glücklich,
wie sie es sich selbst vorgenommen haben."

(Abraham Lincoln,
16. Präsident der USA, 1808–1865)

„Das Vergleichen ist das Ende des Glücks
und der Anfang der Unzufriedenheit."

(Søren Kierkegaard,
dänischer Philosoph, Theologe und Schriftsteller, 1813–1855)

„Das Geheimnis des Glücks liegt nicht im
Besitz, sondern im Geben.
Wer andere glücklich macht, wird glücklich."

(André Gide,
französischer Schriftsteller, 1869–1951)

„Im täglichen Leben der meisten Menschen
spielt Furcht eine größere Rolle als Hoffnung;
sie sind mehr von dem Gedanken erfüllt,
dass andere von ihnen Besitz ergreifen könnten,
als von der Freude,
die sie in ihrem eigenen Leben schaffen können
oder in dem Leben anderer,
mit denen sie in Berührung kommen."

(Bertrand Russell,
britischer Mathematiker und Philosoph, 1872-1970)

„Glück ist das einzige,
das sich verdoppelt, wenn man es teilt."

(Albert Schweitzer, deutscher Arzt,
Theologe, Musiker und Philosoph, 1875–1965)

„Ja, so sind die meisten Menschen.
Die Unglücksfälle schreiben sie sich ins
Gedächtnis und memorisieren sie fleißig;
aber das Glück,
das viele Glück beachten sie nicht."

(Paula Modersohn-Becker,
deutsche Malerin, 1876–1907)

„Glück ist Liebe, nichts anderes.
Wer lieben kann, ist glücklich."

(Hermann Hesse,
deutsch-schweizerischer Schriftsteller, 1877–1962)

„Glück ist, was Lächeln macht,
was Angst, Sorge, Ungewissheit vertreibt
und inneren Frieden schenkt."

(Albert Einstein,
deutscher Physiker und Nobelpreisträger, 1879-1955)

„Glück, das ist einfach eine gute Gesundheit
und ein schlechtes Gedächtnis."

(Ernest Hemingway,
US-amerikanischer Schriftsteller, 1899–1961)

„Das Glück besteht nicht darin,
dass du tun kannst, was du willst,
sondern darin, dass du immer willst,
was du tust."

(L. N. Graf Tolstoi,
russischer Schriftsteller, 1928-1910)

„Der entscheidende Schlüssel zum Glück ist,
mit dem zufrieden zu sein,
was man im Augenblick ist und hat.
Diese innere Zufriedenheit verändert Ihren
Blick auf die Dinge,
sodass Ihr Geist in Frieden verweilen kann."

(Dalai Lama / Tendzin Gyatsho,
buddhistischer Mönch und Oberhaupt der Tibeter, *1935)

„Lebe ganz aus deiner Mitte, dann wird der
Augenblick zum Glück."

(Hans-Christoph Neuert,
deutscher Aphoristiker und Lyriker, 1958-2011)

„Kein anderer Mensch ist dafür da, uns
glücklich zu machen."

(Eckart von Hirschhausen, deutscher Mediziner,
Moderator, Schriftsteller, *1967)

Habe ich zu viel versprochen, oder verspüren Sie nach dem Lesen der Zitate vielleicht ein Glücksgefühl verbunden mit dem Gedanken „wie wahr …"?

Glück ist individuell und wird von jedem Menschen unterschiedlich wahrgenommen, doch es gibt eine Reihe von „Glücksbausteinen", die maßgeblich zum Glück beitragen.

Ich möchte einige der soeben aufgeführten Zitate nutzen, um Ihnen das individuelle Glück Hochsensibler und insbesondere hochsensibler Selbstständiger bildhaft näherzubringen.

„Neun Zehntel unseres Glücks beruhen allein
auf der Gesundheit."

(Arthur Schopenhauer, deutscher Philosoph, 1788–1860)

Die Gesundheit bildet eine wichtige Grundlage für unser Glück. Wenn wir uns gesund fühlen und unser Leben ohne gesundheitliche Einschränkungen erleben dürfen, ist das allein schon pures Glück. Es ist ein wahres Geschenk, jeden Morgen gesund aufwachen zu können und frisch ans Werk der Arbeit zu gehen. Werden wir selbst oder geliebte Menschen in unserem Umfeld von schwerer Krankheit bedroht, sind das einschneidende Erlebnisse. Oft sind es jedoch gerade diese gravierenden Momente, die uns Glück ganz neu erfahren lassen.

Denn seien wir einmal ehrlich: Wie viele gesunde Menschen kennen wir, die unglücklich sind? Gerade für hochsensible Menschen, die vielleicht bereits am eigenen Leib erfahren haben, wie beispielsweise chronische Krankheiten die Arbeitskraft und Lebensfreude einschränken können, ist oft unverständlich, wie gesunde Menschen aus scheinbar banalen Gründen unglücklich sind. Ich habe mir oft die Frage gestellt, warum sie den wertvollen Schatz der Gesundheit, den sie besitzen, nicht nutzen und warum er nicht automatisch quasi ein Art „Basisglücksgefühl" erzeugt, mit dem sie jeden Morgen positiv gestimmt und mit Energie in den Tag starten können?

Der Grund ist simpel: Sie sind sich dessen nicht bewusst! Häufig quälen sie sich bereits morgens nach dem Aufwachen mit dem alles absorbierenden Gedanken, dass sie heute wieder den lieben langen Tag einer Arbeit nachgehen, die sie eigentlich gar nicht machen wollen, in der sie keinen Sinn sehen oder in der sie fremdbestimmt gesteuert werden. Ich selbst kenne dieses morgendliche Gefühl aus meiner

Angestelltenzeit mehr als genug. Ich konnte mich nicht daran erfreuen, dass ich gesund und leistungsstark aufwachte, sondern war bereits nach dem viel zu frühen Klingeln des Weckers so frustriert über all die sinnlosen Aufgaben, die es an diesem Tag wieder zu erledigen galt, dass ich mich unglücklich fühlte. Über die Jahre brannte sich dieser erste Moment der tiefen Unzufriedenheit nach dem Aufwachen tief in mein Gehirn ein. Erst mit den kleinen aktiven Schritten in Richtung Selbstständigkeit stellte ich an mir selbst eine Veränderung fest. Ich erwachte bereits morgens mit einem freudigen Bauchkribbeln und war gespannt darauf, was der Tag bringen würde. Spätestens nach den ersten Wochen meiner Selbstständigkeit hatte ich erkannt:

> „Das Glück besteht nicht darin, dass du tun kannst, was du willst, sondern darin, dass du immer willst, was du tust."
>
> (L. N. Graf Tolstoi, russischer Schriftsteller, 1928-1910)

„Das zu wollen, was ich tue" ist ein entscheidendes Credo für meine persönliche Glücksdefinition, die mich in meiner unternehmerischen Realität täglich begleitet. Verbunden mit der Freiheit, täglich das zu wollen, was ich tue, schätze ich das selbstbestimmte Wertegefüge, das die Selbstständigkeit mit sich bringt. Natürlich soll die freiberufliche Tätigkeit für mein finanzielles Auskommen sorgen, aber ich selbst entscheide, was mich im Leben „reich" macht.

Immer wieder beobachte ich Menschen dabei, wie sie sich selbst auflösen, um am Monatsende einen Betrag X zu erwirtschaften, von dem sie meinen, dass er zum Leben reicht, oder mit dem sie sich gesellschaftlich anerkannt zu den „Besserverdienern" zählen. Davon werden dann all zu oft teure Hauskredite oder hohe Leasingraten getilgt. Es mag für den kurzen Moment am Monatsende beruhigen, aber es macht nicht gleichzeitig glücklich. Denn was passiert eigentlich mit diesem Geld? Es löst häufig nur einen paradoxen Kreislauf aus, den bereits der österreichische Schauspieler Walter Slezak (1902-1983) mehr als treffend in einem Zitat auf den Punkt brachte:

„Viele Menschen benutzen das Geld,
das sie nicht haben, für den Einkauf von
Dingen, die sie nicht brauchen,
um damit Leuten zu imponieren,
die sie nicht mögen."

An dieser Stelle hilft es, innezuhalten und zu hinterfragen, was wir an materiellen Dingen wirklich für unser eigenes Glück benötigen und wo nur der Schein ein kurzes Abbild reflektiert, das wir für Glück halten. Der Konsum knipst im Gehirn kurzzeitig das Belohnungszentrum an, und Menschen fühlen sich dadurch vorübergehend positiv gestimmt. Ein grundlegendes Gefühl von Glück bleibt jedoch aus.

Die berufliche Selbstständigkeit gibt Hochsensiblen die Möglichkeit, in einem selbstbestimmten Wertegefüge zu leben; dabei wird sehr schnell deutlich, dass Materialismus eine untergeordnete Rolle spielt.

Vielmehr machen die selbst erschaffenen Freiräume und die Selbstverwirklichung es möglich, echte Lebensqualität zu genießen und daraus das individuelle Glück zu generieren. Das finanzielle Auskommen kann dabei sicher nicht vollständig ausgeblendet werden, aber es nimmt bei Weitem nicht die wichtigste Stellung ein.

Diese Erkenntnis ist nicht neu, wie der folgende kleine Exkurs zeigt: Der amerikanische Psychologe Abraham Harold Maslow (1908-1970) wurde u. a. bekannt durch sein sozialpsychologisches Modell der menschlichen Bedürfnisse und Motivation, besser bekannt als Maslowsche Bedürfnishierarchie. Die Geschichte hinter dem Modell ist äußerst interessant. Maslow zog in seine Betrachtungen nur ausgewählte Persönlichkeiten wie Albert Einstein (theoretischer Physiker), Jane Addams (Feministin, Soziologin und engagierte Journalistin), Eleanor Roosevelt (Menschenrechtsaktivistin, Diplomatin sowie die Ehefrau des US-Präsidenten Franklin D. Roosevelt) ein, schloss Menschen mit psychischen Störungen oder labile Persönlichkeiten kategorisch aus. Ihm war durchaus bewusst, dass diese Methodik keine empirisch anerkannten Werte liefern würde. Für ihn waren die aus seinen Studien gewonnenen Erkenntnisse allerdings so beeindruckend, dass er trotz Methodikmängeln die erste Idee 1943 unter dem Titel „A Theory of Human Motivation im Psychological Review" veröffentlichte. In den Folgejahren entwickelte er die Bedürfnishierarchie weiter und sammelte interessante Erkenntnisse. Maslow ordnete die Bedürfnisse zunächst in fünf Bereiche: physiologische Bedürfnisse, Sicherheitsbedürfnisse, soziale Bedürfnisse, Individualbedürfnisse und schließlich die Selbstverwirklichung. Materielle Werte oder berufliches Sicherheitsdenken siedelt er auf der zweiten Stufe nach den absolut notwendigen Grundbedürfnissen wie Trinken, Essen und Schlafen an. Auf der dritten Stufe bündelt Maslow alle Bedürfnisse nach sozialen Beziehungen wie Familie, Freunde, Liebe etc. Die Stufen 1-3 fasst er als sogenannte Defizitbedürfnisse zusammen, d. h., wenn diese gesättigt sind, gibt es keine weitere Motivation, und es stellt sich Stufe 4, der Wunsch nach der Erfüllung sozialer Anerkennung ein.

Die fünfte Stufe der Maslowschen Bedürfnishierarchie ist die Selbstverwirklichung. Maslow bezeichnete sie auch als „Growth motivation" – die Motivation, sich zu entwickeln – oder „Being needs" – Bedürfnisse des Seins. Sie beinhaltet das andauernde Bedürfnis, die eigenen Potenziale auszuschöpfen, „alles zu sein, was man sein kann".

Die Tragik im Modell Maslows ist seine Erkenntnis, dass nur rund 2 Prozent aller Menschen die Stufe der anhaltenden Selbstverwirklichung auch tatsächlich erreichen (Maslow, Motivation and Personality, 1954, S. 239)!

Was viele nicht wissen: Maslow fügte seiner Hierarchie 1970, kurz vor seinem Tod, noch eine sechste Stufe hinzu: „Die Transzendenz".

Sie beschreibt das Streben nach Höherem, zum Beispiel Selbstlosigkeit, den Dienst an der Allgemeinheit oder soziale Gerechtigkeit.

„Das Geheimnis des Glücks liegt nicht im Besitz, sondern im Geben. Wer andere glücklich macht, wird glücklich."

(André Gide, französischer Schriftsteller, 1869-1951)

Viel entscheidender als der eigentliche materielle Besitz ist die Weitergabe des Glücks. Bereits im Kindesalter haben wir oft die Erfahrung gesammelt, dass, wenn wir etwas für jemand anderen von unseren überschaubaren Besitztümern oder kindlichen Schätzen abgegeben haben, sich ein Glücksgefühl in unserem Körper breitgemacht hat. Schon damals hat unser hochsensibles Wesen die Erfahrung gemacht,

„Glück ist das einzige, das sich verdoppelt, wenn man es teilt."

(Albert Schweitzer, deutsch-französischer Arzt, Philosoph, evangelischer Theologe, 1875-1965)

Ganz ähnlich verhält es sich auch heute noch. Nicht nur im Privatleben, sondern auch im unternehmerischen Alltag. Wann immer ich die Möglichkeit dazu habe, empfehle ich gern Kontakte an Kunden weiter oder vermittle direkt einen Auftrag. Das Weitergeben des „beruflichen Glücks", das mir widerfährt, erfüllt mich mit Freude und hat den besonderen Effekt, dass ich mit mehreren Selbstständigen bereits seit Jahren in einer sehr angenehmen Symbiose arbeite, die jeden Einzelnen im Netzwerk ein Stück glücklicher macht.

Diese Symbiose zeigte sich auch während des ersten Jahres nach der Geburt meiner Tochter, in der ich mit meiner Arbeit deutlich kürzer treten musste und auch wollte, um die Zeit mit meinem Kind genießen zu können. Die Eltern unter Ihnen werden mir bestätigen können, dass diese Jahre nie zurückkommen. Hier wird besonders deutlich, wie schnell die Zeit vergeht und dass manche Dinge im Leben einfach keinen Aufschub gewähren. Ich begab mich also auf die Suche nach einer sinnvollen Lösung und erinnerte mich an eine gute Freundin aus Studienzeiten, zu der allerdings der Kontakt etwas eingeschlafen war. Zuletzt hatten wir uns in einem persönlichen Gespräch darüber ausgetauscht, dass sie sich ebenfalls selbstständig gemacht hatte mit ganz ähnlichen Schwerpunkten wie ich. Der kurze Griff zum Telefonhörer und das anschließende Gespräch zeigten mir recht schnell, dass wir beide immer noch auf der sprichwörtlichen „gleichen Wellenlänge“ lagen. Kurzerhand vereinbarten wir, dass sie für eine bestimmte Zeit einen Teil meiner Aufgaben übernehmen und dafür auch den die entsprechende Entlohnung erhalten würde. Sie war zuverlässig und agierte mit meinen Kunden genauso, wie ich es auch getan hätte. In meinem Umfeld wurden Stimmen laut, dass doch die Gefahr bestünde, sie würde mir die „Kunden abgraben“. Sicher, rein theoretisch bestand diese Gefahr für Außenstehende vielleicht, aber ich wusste instinktiv, dass ich ihr vertrauen konnte. Nach meiner Elternzeit übernahm ich die Aufgaben und Kundenaufträge wieder selbst und alles lief in gewohnten Bahnen. Wir hatten beide unsere Vorteile aus der Symbiose gezogen, und mein Vertrauen wurde darüber hinaus auch noch belohnt. Kurze Zeit darauf wurde sie schwanger und plante wie ich eine verkürzte Arbeitszeit. Die Symbiose begann erneut, dieses Mal aber genau andersherum. Wir hatten unser „berufliches Glück“ geteilt, unsere Kunden weiter betreut und darüber hinaus beide noch die vielen kleinen glücklichen Momente mit unseren Töchtern genossen. Klingt fast zu schön, um wahr zu sein? Ist es aber. Sicher ist für eine derartige Zusammenarbeit ein grundlegendes Vertrauen notwendig. Mit Sicherheit gibt es selbstständig tätige

Menschen, die in einem ähnlichen Tätigkeitsfeld agieren und die Situation nur zum eigenen Vorteil ausgenutzt hätten.

In diesem Fall war es aber möglich, und ich bin froh um das Wissen, dass es Menschen gibt, mit denen wir in einem verlässlichen Netzwerk arbeiten und leben können.

„Das Vergleichen ist das Ende des Glücks und der Anfang der Unzufriedenheit."

(Søren Kierkegaard, dänischer Philosoph, Theologe und Schriftsteller, 1813–1855)

Entscheidend für mein individuelles Glück ist auch die Erkenntnis, dass es vollkommen unnötig ist, sich mit „anderen" zu vergleichen. Als Hochsensible hatte ich bereits als Kind das Ihnen sicher allzu vertraute Gefühl, „anders zu sein". Je mehr Vergleiche ich angestellt habe, umso unglücklicher fühlte ich mich. Bis ich irgendwann feststellte, dass ein Vergleich unmöglich und auch vollkommen unsinnig ist.

Das in unserer Gesellschaft scheinbar tief verwurzelte Gefühl, dass das Gras auf der anderen Seite des Zauns grüner ist, trägt maßgeblich zur Unzufriedenheit vieler Menschen bei. Denn jeder winzige Blick auf den Lohnzettel des Kollegen, das große Auto des Nachbarn, die tadellose Figur der Bekannten oder das scheinbar vollkommen harmonische Familienglück des besten Freundes ist doch am Ende ein kleiner, subjektiver Ausschnitt, der meist noch mit einer ordentlichen Prise romantischer Verklärtheit gewürzt wird.

Ein Präzedenzfall für Unzufriedenheit spielte sich gleich zu Beginn meiner Selbstständigkeit ab, als ich mich in meinen neuen Büroraum einmietete. Meine Zimmernachbarn auf der Etage waren in der Immobilien- und Versicherungsbranche unterwegs, genauso wie der Vermieter meiner Büroeinheit. Im Erdgeschoss war eine Werbeagentur eingemietet, deren Kernaufgaben sich mit klassischen Printmedien beschäftigten. Kurz nach meinem Einzug berichtete mir mein Vermieter, dass es große Diskussionen mit den Inhabern der Werbeagentur gäbe und mein Einzug die Ursache dafür war. Für mich im ersten Moment vollkommen unbegreiflich. Bis er mir erklärte, dass die beiden gern vorher gewusst hätten, dass ein „Konkurrenzunternehmen" direkt im gleichen Haus einzieht, und dass sie große Bedenken hegten, dass „ihre Kunden" sich zu mir „verirren".

Zum Verständnis: Meine Arbeitsschwerpunkte haben sicher mit den Themen Marketing und Werbung zu tun, allerdings online in einem vollkommen anderen Marktsegment. Ich weiß nicht, welche Erfahrung die Inhaber der Werbeagentur gemacht haben, aber bei mir klingeln die Kunden nicht unten an der Haustüre, weil sie im Vorbeigehen gesehen haben, dass ich Online-Marketing und PR anbiete, und sich spontan entschlossen haben, einen Auftrag auszulösen. Ebenso wenig wie sich, außer vielleicht der Postbote, Angestellte von anderen Unternehmen versehentlich zu mir „verirren".

Ein subjektiver äußerer Eindruck und ein voreilig gezogener Vergleich hatten gereicht, um in mir die Konkurrenz auszumachen, die womöglich einen Kunden abwirbt. Ich habe beide Inhaber nie persönlich kennengelernt (im Übrigen auch keinen einzigen ihrer Kunden oder Interessenten), ihre Bedenken waren vollkommen unbegründet. Wie einfach wäre es gewesen, wenn sie sich auf den kurzen Weg in die erste Etage gemacht und für ein persönliches Gespräch oder einfach eine gemeinsame Tasse Kaffee an meiner Bürotür geklopft hätten. Es kommt regelmäßig vor, dass meine Kunden auch Printmedien benötigen, ein Aufgabenfeld, das ich nicht abdecke und dabei gern auf externe Anbieter zurückgreife. Hier hätte ich gern das Glück einer erfolgreichen Zusammenarbeit mit einem Kunden geteilt, und der Nutzen hätte sich verdoppelt.

So hatten sie aber beschlossen, sich ihr eigenes Bild zu machen, bestanden auf den Vergleich, machten über den Vermieter ihre Unzufriedenheit deutlich und zogen letztendlich aus dem Haus aus.

Die subjektiven Gedanken allein hatten dazu beigetragen, ein Bild zu erschaffen, das sich in so extremer Form verfestigt hatte. Die Macht der Gedanken bringt uns gleich zur nächsten Glücksdefinition.

„Das Glück Deines Lebens hängt von der Beschaffenheit Deiner Gedanken ab."

(Marc Aurel,
römischer Kaiser, 121-180)

Steht und fällt unser Glück nicht insbesondere mit der grundlegenden eigenen Lebenseinstellung und der tiefen Beschaffenheit unserer Gedanken? Ist es nicht oft so wie im eben genannten Beispiel, dass die bloßen Gedanken Mauern erschaffen und damit Wege verbauen?

Glück lässt sich allein schon daraus generieren, dass wir positiven Gedanken Raum geben und scheinbare Hirngespinste in Gedankenkonstrukten weiterspinnen, bis sie sich verfestigen. Die durch Affirmation bewusst ausgedrückte

Haltung (positives Denken) beeinflusst von innen heraus und sorgt für eine gute Zukunft.

Gerade Hochsensible neigen in Phasen der Melancholie zum Grübeln. Gedanken drehen sich im Kreis, und im Geiste werden negative und düstere Szenarien ausgemalt. In der selbstständigen Tätigkeit führen Gedanken wie „Was passiert, wenn meine Tätigkeit mein finanzielles Auskommen nicht sichert?“, „Was mache ich, wenn ich mit meiner selbstständigen Tätigkeit scheitere?“ schnell in eine Sackgasse.

Diese Gedanken lassen sich vielleicht in bestimmten Zeiten nicht vollständig abschalten, aber es hilft, sie zu hinterfragen und die sprichwörtlichen „positiven Seiten“ näher zu beleuchten. Beispielsweise: „Was kann ich mit meiner Selbstständigkeit alles bewirken?“, „Welche Freiheiten eröffnen sich mir dadurch für mein tägliches Leben?“, „Wie kann ich meine hochsensiblen Fähigkeiten so zur Entfaltung bringen, dass sie von selbst für mein Auskommen sorgen?“

Bemerken Sie den Unterschied? Die Beschaffenheit unserer Gedanken trägt maßgeblich zu unserem Glück bei. Positive Gedanken helfen uns dabei, unsere Geschicke für die Zukunft positiv zu beeinflussen. Dazu gehört es auch, mit den gesponnenen Gedanken neue Wege zu gehen und neue Menschen kennenzulernen, die uns auf diesem Weg begleiten.

„Die meisten Menschen sind so glücklich,
wie sie es sich selbst vorgenommen haben.“

(Abraham Lincoln,
16. Präsident der USA, 1808-1865)

Gerade wenn unsere innere kritische Stimme, ich nenne sie mal das kleine Teufelchen auf der rechten Schulter, uns Horrorszenarien à la „Das schaffst Du nie“ malen will, ist es hilfreich, in einem kleinen Selbstgespräch einen Schlagabtausch mit dem Engelchen auf der linken Schulter zuzulassen. Denn das Engelchen hat sich vorgenommen, ein sehr glückliches Leben zu führen. Schenken Sie ihm eine ordentliche Portion Aufmerksamkeit. Dazu gehört auch, dass Sie einmal über sich selbst lachen, sich selbst nicht zu ernst nehmen oder zu sich selbst sagen können: „So schlimm wird es sicher nicht werden“.

Die Kernfrage dabei ist: Wann nehmen wir uns selbst vor, glücklich zu sein – das enorme Glück zu beachten, dass uns ständig zuteilwird? Jetzt und jeden Tag aufs Neue!

„Ja, so sind die meisten Menschen.
Die Unglücksfälle schreiben sie sich ins
Gedächtnis und memorisieren sie fleißig;
aber das Glück, das viele Glück
beachten sie nicht.“

(Paula Modersohn-Becker,
deutsche Malerin, 1876–1907)

Getrieben von einer einseitigen Medienberichterstattung werden wir täglich mit dem Unglück der Welt konfrontiert. Sei es durch täglich neue Terrorakte oder große Missgeschicke namhafter Unternehmen – die Liste ließe sich nahezu beliebig fortführen. Ich möchte an dieser Stelle die Geschehnisse, wie die des Terrors, nicht kleinreden. Vielmehr möchte ich hinterfragen, was die „Berichterstattung des Unglücks“ mit uns macht.

Viele Menschen schränken ihr Leben bewusst oder unbewusst enorm ein, um sich keiner Gefahr auszusetzen. Urlaube werden nur noch in vermeintlich „sicheren“ Regionen gebucht, die berufliche Selbstständigkeit wird aufgrund der großen „Sicherheitsbedenken“ gänzlich aus der Lebensplanung verbannt.

Die Angst übernimmt die Steuerung, und das logische Denken wird oftmals außer Kraft gesetzt. Natürlich sind die Terroranschläge ein Angriff auf die Menschlichkeit, dies steht außer Frage. Aber neulich berichtete mir ein Bekannter, dass er und seine Frau ihren geplanten Aufenthalt an der Côte d'Azur abgesagt hatten, aus Angst, Opfer eines Terroranschlags zu werden, um stattdessen mit dem Auto an den Bodensee zu fahren. Die tagelange Berichterstattung aus Nizza hatte sich tief in ihr Bewusstsein eingegraben; der statistisch belegte Fakt, dass in Deutschland etwa 3000 Menschen jährlich bei einem tödlichen Verkehrsunfall ums Leben kommen (Statistisches Bundesamt: Anzahl der Verkehrstoten auf deutschen Straßen im Jahre 2015: 3459), blieb vollkommen unbeachtet. Die negativen Ereignisse wurden nachdrücklich abgespeichert und sorgten dafür, dass die Selbstbestimmung verloren ging und die eigene Freiheit stark eingeschränkt wurde.

Ähnlich verhält es sich mit der Berichterstattung auf dem Arbeitsmarkt. Hier sind Schlagzeilen wie die folgenden an der Tagesordnung und tragen zur Meinungsbildung bei: „Zahl der Selbstständigen schrumpft - Gründerstimmung war gestern. Die Aussichten auf feste Jobs sind in Deutschland gut, Selbstständigkeit gilt seltener als Option“ (Quelle: Spiegel.de, 03.09.2015); „Hartz IV: Immer mehr Selbstständige brauchen Sozialhilfe“ (Quelle: welt.de 20.10.2015);

„Nein zum Startup? - Argumente fürs Nicht-Gründen“ (Quelle: finanzen.net 25.08.2016).

Die persönlichen Bedürfnisse, die zum individuellen Glück beitragen, werden dabei selten oder nie erwähnt. Zugegeben etwas plakativ, aber wann haben Sie zuletzt in einer der großen Zeitungen oder TV-Sender des Landes die Tatsache vermittelt bekommen: „Hochsensible entfalten in der beruflichen Selbstständigkeit ungeahnte Potenziale“ oder „Statistisches Bundesamt belegt: Hochsensible Selbstständige sind besonders glücklich“.

Generell kommen die zahlreichen kleinen Glücksmomente zu kurz. Der Fokus wird allzu oft auf die negativen Ereignisse ausgerichtet. Aber was bleibt uns Hochsensiblen, die oft viel stärker von den Eindrücken der medialen Berichterstattung betroffen sind? Konsequentes Ausblenden, um das eigene Glück nicht zu gefährden? Nein, aber sich täglich des großen Glücks bewusst werden, das uns zuteilwird, und diese Glücksmomente hier und jetzt im vollen Umfang genießen.

„Glück ist Liebe, nichts anderes.
Wer lieben kann, ist glücklich.“

(Hermann Hesse,
deutsch-schweizerischer Schriftsteller, 1877–1962)

Glücksmomente sind sehr vielfältig – ein wahres Feuerwerk an Glücksgefühlen löst die Liebe aus. Hochsensible tun sich manchmal etwas schwer in der Liebe, weil sie viele Menschen in ihrem Umfeld dafür gar nicht nah genug an sich heranlassen. Gelangen bestimmte Menschen aber in den „inneren Kreis“ unseres hochsensiblen Daseins, gibt uns die

Liebe aufregende und leidenschaftliche Momente voller Prickeln, aber auch ein tief verwurzeltes Gefühl von Verbundenheit. Es sind die Menschen um uns herum, von denen wir bedingungslos geliebt werden und die wir ebenso bedingungslos lieben. Mit denen gemeinsam wir unsere intimsten Momente, unser Lachen und unsere Tränen teilen. Die unsere hochsensible Ader kennen und sie zu schätzen wissen. Mit denen wir diskutieren, streiten und uns wieder versöhnen können – ganz ohne Sorge darum, dass sie uns morgen den Rücken kehren. Die aufrichtig an unserem Leben teilhaben und deren Abwesenheit wir bei aller Ruhe und trotz des hochsensiblen Wunschs nach Alleinsein irgendwann vermissen. Es sind die Menschen, die an uns glauben, egal wie verrückt unsere beruflichen Zukunftspläne auch sind oder wie fernab vom „Mainstream“ wir uns gerade bewegen.

Es sind die Menschen, die uns in schwierigen Zeiten auch mal den Rücken freihalten oder uns liebevoll in den Arm nehmen, wenn die Kraft nach einem anstrengenden Arbeitstag aufgebraucht ist.

Oder es ist ein Mensch, der nach einem aufreibenden Tag lachend fragt, wie voll er das gemeinsame Glas Rotwein heute machen darf:

Guter Tag! – halb voll

Schlechter Tag! – voll

Frag lieber nicht nach meinem Tag! – randvoll

... mit Option auf ein zweites Glas und damit alle ärgerlichen Momente vergessen macht.

Es können aber auch ganz winzige Ärmchen sein, die sich liebevoll um den Hals schlingen und Momente heraufbeschwören, die eine Frage nach dem Sinn des Lebens vollkommen überflüssig machen, weil wir wissen, dass genau dieses Liebesglück uns im Hier und Jetzt vollkommen macht. Gänzlich frei von jeglichen Bedingungen – bedingungslose Liebe, die reines Glück generiert.

Ich bin mir sicher, Sie haben beim Lesen dieser Zeilen gerade mindestens eine geliebte Person klar vor Augen. Allein dieses Wissen darum, jetzt in diesem Augenblick, ist pures Glück. Denn dieses private Glück sorgt für das wunderbare Gleichgewicht zur beruflichen Selbstständigkeit.

„Glück, das ist einfach eine gute Gesundheit und ein schlechtes Gedächtnis."

(Ernest Hemingway,
US-amerikanischer Schriftsteller, 1899–1961)

Dieses Zitat dient als ideale Grundlage für Hochsensible, denn abgesehen von der Gesundheit, die ich bereits eingangs näher als Glücksbaustein beschrieben habe, ist auch ein schlechtes Gedächtnis dem Glück zuträglich. Nicht im Sinne von Alzheimer und der Tatsache, dass ich morgen vergessen habe, dass mir heute jemand etwas Böses wollte, sondern eher im Hinblick auf zu hohe Erwartungen an andere Menschen. Mir ist in persönlichen Gesprächen und auch beim Lesen diverser Publikationen von und für Hochsensible aufgefallen, dass zu hohe Erwartungen immer eine zentrale Rolle spielen. Die hohen Erwartungen, die wir an uns selbst stellen, projizieren wir automatisch auch auf andere. Unser hochsensibles Gedächtnis weiß beispielsweise sehr genau, wann wir jemand anderem etwas Gutes getan haben (nicht weil wir es unbedingt wollen, sondern weil unser Erinnerungsvermögen ausgeprägt ist); umso enttäuschter sind wir dann, wenn der andere dies nicht zu schätzen weiß oder uns vielleicht sogar irgendwann etwas Schlechtes angedeihen lässt. Gerade in der beruflichen Selbstständigkeit kommt es immer wieder vor, dass jemand durch uns eine Empfehlung erhält, zu einem Projekt gelangt oder gar unsere „Lorbeeren" erntet. Dabei ist mir im Laufe der Jahre bewusst geworden, dass mein eigenes Bestreben, die Welt ein Stück besser machen zu wollen, nur selten von der Person honoriert wird oder gar eine Art „Gegenleistung" von ihr zurückkommt, der mein ursprüngliches Bestreben galt. Der uralte Mechanismus „wie du mir, so ich dir" funktioniert im Glücksgefüge nicht, zumindest nicht 1:1. Auch wenn es manchmal schwerfällt, die Tatsache zu akzeptieren: Unsere eigenen hohen Erwartungen an andere Menschen können auf Dauer nur unglücklich machen.

Vielmehr ist es die Summe an „guten Taten" und guter Arbeit, die auch im Rahmen der Selbstständigkeit irgendwann zu uns zurückkehrt. Meist durch Menschen und Umstände, von denen wir es eigentlich gar nicht erwartet haben. Es ist relativ simpel: Je weniger hohe Erwartungen ich an andere Menschen stelle, umso weniger bin ich enttäuscht, und umso mehr bin ich positiv überrascht, wenn etwas Gutes zu mir zurückkommt.

Ich glaube nicht an Zufall, vielmehr ist es integraler Bestandteil des individuellen Glücks, dass mir an den entscheidenden Weggabelungen immer die Menschen über den Weg laufen, die mir gerade beruflich direkt oder über Umwege bei meiner selbstständigen Weiterentwicklung Unterstützung geben. Am Ende zählt es nicht, dass ich in meinem Gedächtnis genau weiß, wer bestimmte Erwartungen erfüllt hat, sondern dass ich bereit bin, anderen Menschen ohne „Gegenleistung" etwas Gutes zu tun oder ihnen wohlwollend gegenüberzutreten. Ein bewusst beabsichtigtes „schlechtes Gedächtnis" hilft mir dabei, nicht zu nachtragend zu sein und auch Menschen, die vielleicht bereits einen Vertrauensbonus verspielt haben, zumindest neutral gegenüberzutreten.

„Kein anderer Mensch ist dafür da, uns glücklich zu machen."

(Eckart von Hirschhausen, deutscher Mediziner, Moderator, Schriftsteller, *1967)

Im engen Zusammenhang mit unseren hohen Erwartungen steht fälschlicherweise auch oft die Annahme, dass ein anderer Mensch dafür Verantwortung trägt, uns glücklich zu machen. Gerade während meines Angestelltendaseins konnte ich immer wieder Versuche meiner Kollegen oder Bekannten beobachten, ihre Unzufriedenheit oder gar das vermeintliche Unglück im täglichen Arbeitsleben über das Privatleben (durch ewig im Voraus bis ins Detail geplante Urlaube, aufwendige Geschenke u. v. m.) kompensieren zu wollen. Doch die hohen Erwartungen an den Ehemann, die Lebenspartnerin oder die Kinder blieben unerfüllt. Kein anderer Mensch war in der Lage, sie glücklich zu machen. Eine logische Konsequenz, denn die negativen Affirmationen aus der Arbeitswelt und der eigenen inneren Unzufriedenheit übertrugen sich automatisch auch auf das Privatleben. Alle Anstrengungen galten dem Bestreben, die wenige gemeinsame Freizeit krampfhaft so „glücklich" wie möglich zu gestalten. Häufig war das Ende vom Lied ein privater Scherbenhaufen und ein anschließendes Singledasein. Selbstverständlich verbunden mit Ansprüchen an einen neuen Partner, die ein normaler Mensch niemals erfüllen konnte, weil abermals ein Mensch gesucht wurde, der „glücklich macht".

„Es gibt keinen Weg zum Glück.
Glücklichsein ist der Weg."

(Siddhartha Gautama Buddha,
Begründer des Buddhismus, 6. Jhd. v. Chr. – 5. Jhd. v. Chr.)

Dieses Zitat ist ein wundervoller Abschluss für alle meine bis zu dieser Stelle gesammelten Glücksbausteine. Es ist nicht unsere Aufgabe, auf das eine große Glück hinzuarbeiten, sondern jeden Tag die etlichen kleinen Augenblicke des Glücks zu erkennen und sie auch anzunehmen.

Mein individuelles Glück setzt sich aus vielen Elementen zusammen, die neben der Gesundheit und der Liebe maßgeblich durch ein selbstbestimmtes Leben in meiner beruflichen Selbstständigkeit und die Freiheit, jeden Tag das zu wollen, was ich tue, gefördert werden.

Beschließen Sie für sich selbst, glücklich zu sein

Dann werden Ihnen die unzähligen kleinen Momente des Glücks bewusst, und ein tiefes Gefühl der inneren Zufriedenheit und freudiger Lebenslust stellt sich ein.

Dies sind ideale Voraussetzungen für ein selbstbestimmtes Leben in einer beruflichen Selbstständigkeit mit aussichtsreichen Arbeitsperspektiven.

3.10 Fazit

Zlatko Goertz (Unternehmer und Philosoph aus Dormagen) trifft mit seinem Zitat den berühmten Nagel auf den Kopf:

„Das ist das Leben, wenn alles im Fluss ist."

In meinem hochsensiblen Leben hat sich ein stabiles Gleichgewicht eingestellt, ich arbeite nicht mehr um der Arbeit willen, sondern aus einer inneren Freude heraus. Ich bestimme und gestalte meine Arbeit sowie Freizeit selbst und schaffe mir entsprechende Freiräume, die meiner Hochsensibilität zuträglich sind und mein körperliches und psychisches Wohlbefinden dauerhaft verbessert haben.

Das blinde Folgen einer breiten Masse und deren gesellschaftlichen Normen und Anforderungen an ein angepasstes Arbeitsleben mit strikten Zeitvorgaben, vordefiniertem Arbeitsumfeld, künstlichem Leistungsdruck und damit verbundenen Abhängigkeiten hat für mich ein Ende.

Wir sind alle einzigartig und individuell, und so sollten wir auch unser Leben leben, in einer unserem hochsensiblen Wesen zuträglichen, individuell erschaffenen Arbeitswelt.

Ein tiefes Vertrauen in ein stetiges Vorankommen hat sich eingestellt, bei dem ich in meinem eigenen Takt arbeiten und ruhen kann.

Mein hochsensibles Naturell lässt mich natürlich auch heute noch ab und an grübeln oder auch zweifeln, aber ich konnte nicht zuletzt durch eine grundlegende Änderung meiner inneren Einstellung gegenüber gesellschaftlichen Normen und einem materiellen Wertegefüge meine Existenzängste erheblich reduzieren.

Ich habe meine Geschicke selbst in der Hand und kann selbstbestimmt und eigenverantwortlich für mein Auskommen sorgen.

Die Erkenntnis der Hochsensibilität ermöglicht es mir, die damit verbundenen Talente für eine individuelle Potenzialentwicklung im Berufsleben zu nutzen. Denn der hochsensible Blick wird gerade in der heutigen Arbeitswelt besonders gebraucht, in der nur allzu oft die Ellenbogenmentalität vorherrscht und scheinbar nur der, der am lautesten schreit, überhaupt noch Gehör findet. Es sind vielmehr die sanften Töne, die die Arbeitswelt gerade unter sozialen, beratenden oder auch kreativen Aspekten ein Stück besser und schöner machen und für die volle Potenzialentfaltung sorgen.

Intuition, Empathie, vernetztes Denken, Ideenreichtum, die Fähigkeit, Probleme auch auf ungewöhnlichen Wegen erfolgreich zu lösen, Kreativität, aber auch die Gabe, Freude und außergewöhnliche Momente intensiv zu spüren, lassen Potenzialen auf besondere Art und Weise Freiräume. Die Potenziale entfalten sich nicht ad hoc, sondern nach und nach.

Es ist ein ständiger Lernprozess, und ich bin überzeugt davon, dass meine Potenziale bei Weitem noch nicht ausgeschöpft sind. Es ist vielmehr eine stetige Entwicklung, auf deren Weg uns immer wieder verschiedene Menschen geleiten. Diese persönlichen Begegnungen sind jedes Mal ein Geschenk.

Leider (wahrscheinlich ist es wohl gut so) steht Hochsensiblen ihr Wesenszug nicht auf die Stirn geschrieben, aber oft genügen bereits wenige Augenblicke, und wir können instinktiv spüren, dass uns eine oder ein „Gleichgesinnte/r" gegenübersteht.

Es gibt in unserer heutigen medialen Welt tolle Möglichkeiten für die Vernetzung zwischen Hochsensiblen.

Nicht zuletzt dank der Onlineangebote auf XING, LinkedIn, Facebook und Co. wird es möglich, insbesondere nach Menschen zu suchen, die hochsensibel und/oder ebenfalls selbstständig tätig sind. Hier habe ich in letzter Zeit ein wahres Feuerwerk an neuen Bekanntschaften erleben dürfen, denn Hochsensible reagieren durchweg positiv auf eine freundliche Kontaktanfrage.

Der daraus resultierende Austausch ist eine echte Bereicherung und gibt Kraft auch an Tagen, an denen es vielleicht nicht ganz so rund läuft.

Hier wird schnell deutlich, wie vielseitig und vielfältig die beruflichen Wege von Hochsensiblen sind und viele unter ihnen irgendwann den Weg in die Selbstständigkeit eingeschlagen haben oder sich mit dem Gedanken einer Existenzgründung tragen. Die Hochsensiblen, mit denen ich in Kontakt stehe, bewegen sehr oft die gleichen Fragen. Sie sind häufig auf Sinnsuche nach ihrer eigentlichen Berufung oder sehnen sich nach beruflicher Unabhängigkeit.

Einige unter ihnen haben auch bereits sehr schmerzlich erfahren müssen, dass eine dauerhafte Überbeanspruchung ihres hochsensiblen Nervensystems in einem Job mit überzogenem Leistungsanspruch sie krank gemacht hat. Immer wieder mit derselben Konsequenz, dass das gesamte hochsensible Lebenskonstrukt hinterfragt und neu ausgerichtet wurde.

Vielleicht haben Sie beim Lesen Lust bekommen, sich ebenfalls mit Hochsensiblen auszutauschen. Schauen Sie sich einfach in den verschiedenen Social-Media-Netzwerken um.

Ein eigenes Profil auf XING oder LinkedIn ist, ganz gleich, ob Sie beruflich in Festanstellung oder als Selbstständige(r) tätig sind, meist eine Bereicherung, und es entstehen über den Netzwerkgedanken viele neue und interessante Kontakte.

Werde ich heute von Menschen aus meinem Umfeld gefragt, ob ich den Schritt in die Selbstständigkeit je bereut habe, kann ich mit gutem Gewissen und aus tiefster Überzeugung antworten: keinen einzigen Tag. Im Gegenteil frage ich heute im Umkehrschluss gern, ob die Menschen in Festanstellung nicht irgendwann an einem Punkt in ihrem Leben anlangen, an dem sie es bereuen, nie den Sprung in die Freiberuflichkeit gewagt zu haben.

Die berufliche Selbstständigkeit erfüllt mich mit Lebensfreude, denn sie ermöglicht mir eine Mischung aus Selbstbestimmung sowie Kreativität und lässt genügend Raum für mein persönliches Harmoniebedürfnis.

Darüber hinaus wird sie meinem ausgeprägten Anspruch an Regeneration gerecht. Erst durch die regelmäßigen Regenerationsphasen kann ich wieder den Antrieb verspüren, der mir in meinem Angestelltendasein über Jahre hinweg vollkommen abhanden gekommen war.

Meine Arbeit erfüllt mich regelmäßig aufs Neue mit einem aufgeregten Bauchkribbeln und der Lust, mit neuen Projekten auch neue Wege zu erforschen. Ich bin in meiner selbst erschaffenen unternehmerischen Realität angekommen und fühle mich dort endlich am rechten Platz.

Ihnen ist im Verlaufe des Buches sicher bereits aufgefallen, dass es besonders viele Firmengründer/innen, Unternehmer/innen oder Freischaffende unter den Hochsensiblen gibt. Der Grund ist offensichtlich. Er liegt praktisch auf der Hand:

Alle Vorzüge und Gegebenheiten, die die berufliche Selbstständigkeit bietet, sind ideal für das Wesen der Hochsensibilität geeignet.

Natürlich hat auch eine berufliche Selbstständigkeit ihre Höhen und Tiefen. Entscheidend für Hochsensible ist es hier, eigenverantwortlich und realistisch mit auftretenden Zweifeln oder Phasen des Misserfolges umzugehen. Dazu gehört auch, die eigenen Schwächen ein Stück weit anzunehmen, denn niemand ist perfekt.

Dem vergleichsweise geringen Risiko der Selbstständigkeit steht ein großer Gewinn gegenüber. Hochsensible können aus der beruflichen Selbstständigkeit dauerhaft Lebensfreude generieren und darin ihr ganz individuelles Glück finden und jeden Tag aufs Neue leben. Es ist an Ihnen:

Alles, was Sie als hochsensible Persönlichkeit für die berufliche Selbstständigkeit brauchen, ist bereits in Ihnen

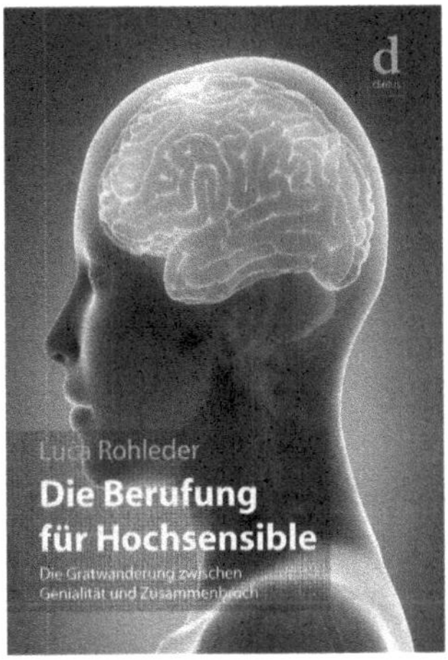

Die Berufung für Hochsensible
Die Gratwanderung zwischen Genialität
und Zusammenbruch
ISBN 978-3-9815711-4-1

Hochsensible Menschen spüren sehr wohl, dass tief in ihnen etwas schlummert, das nur darauf wartet zu erwachen. Sie wissen, dass sie über viele Talente verfügen, können diese aber nicht konkret beim Namen nennen. So sind sie selten imstande, aus ihren Stärken Kapital zu schlagen.

Vielmehr haben sie oft die Befürchtung, mit den oft völlig neuen Herausforderungen eines veränderten Arbeitsmarkts nicht mehr Schritt halten zu können. Was bleibt, ist manchmal eine nicht enden wollende Suche nach dem richtigen Platz in der Berufswelt.

Der erfahrene und hochsensible Jobcoach Luca Rohleder hat dafür ein psychologisches Modell entwickelt, das nicht nur die Aufteilung des Egos in mehrere Ichs umfasst, sondern vor allem auch viele spirituelle Aspekte mit einfließen lässt. Sie erhöhen damit den Grad Ihrer Selbsterkenntnis und es wird sich Ihnen vieles offenbaren, was Sie bisher als unerklärlich empfanden. Der Autor wird Ihnen aufzeigen, dass Sie nicht nur über geniale Gaben verfügen, sondern dass diese tatsächlich auf eine ganz bestimmte Berufung abzielen.

Meine Hochsensibilität positiv gelebt
Persönliche Einsichten aus einem langen, bewegten Leben
ISBN 978-3-9817975-0-3

Von hochsensibler Lebenserfahrung profitieren: Oft wird der rote Faden einer hochsensiblen Existenz erst in der Rückschau nach Erreichen der Lebensmitte deutlich. Profitieren Sie von der umfangreichen Lebenserfahrung der Autorin. Sie zeigt Ihnen auf, dass ein positives und erfolgreiches Dasein nicht im Widerspruch zur Hochsensibilität steht. Dabei lässt sie Sie an vielen ihrer Lebenserfahrungen teilhaben.

Die Erläuterungen von vielen persönlichen Erlebnissen und Einsichten sowie die Formulierung wertvoller Tipps für den Alltag helfen Ihnen, Ihre Hochsensibilität positiver zu erleben.

Die Buchautorin Silvia Christine Strauch, geboren 1955, beschäftigte sich beruflich über 40 Jahre lang mit dem Themengebiet der Naturheilverfahren. Dabei lagen ihre Tätigkeitsschwerpunkte im Coaching, in der Personalführung sowie im Verkauf. Zudem gilt sie als Fachfrau für artgerechte Pferdehaltung und für die Ausbildung von Pferden und Hunden. Die hochsensible Autorin gibt mit ihrem Buch viele persönliche Einblicke in ihr erfolgreiches hochsensibles Leben.

EFT Klopftechnik für Hochsensible
Wie Sie in nur 2–5 Minuten
mehr Lebensfreude herbeiklopfen können
ISBN 978-3-9817975-4-1

Hochsensibilität beeinflusst alle Lebensbereiche: Eine allgemeine Anfälligkeit für Stress, Erschöpfung und Überforderung, geringere Belastbarkeit, die Suche nach Perfektion und ein Isolationsgefühl sind nur einige typische Schwierigkeiten, die häufig dafür verantwortlich sind, dass der Stresspegel immer weiter steigt.

Dabei ist es ganz einfach, aus der Stressspirale auszusteigen. Alles, was Sie dazu brauchen, sind Ihre Finger und die EFT-Klopftechnik!

Monika Richrath, hochsensible EFT-Coach und Trainerin, zeigt Ihnen in diesem Ratgeber, wie Sie typische Schwierigkeiten bei Hochsensibilität mit der EFT-Klopftechnik ganz einfach auflösen und sich in ein völlig neues Lebensgefühl hineinklopfen können.

Der Zeitaufwand, den Sie dafür benötigen, ist minimal: Nur 2 bis 5 Minuten am Tag reichen aus, um langfristig besser mit Hochsensibilität umgehen zu können.

Sprich mit deinem ungeborenen Kind
Mit Meditationstechniken erfahren, wie es dem Baby geht und was es möchte
ISBN 978-3-9817975-2-7

Die Zeit zwischen der Empfängnis und der Geburt bietet eine einzigartige Chance – nie mehr im Leben sind sich zwei Seelen so wunderbar nahe wie in der Zeit der Schwangerschaft. Solche idealen Rahmenbedingungen sind optimal geeignet, um in direkten Kontakt mit dem ungeborenen Leben zu treten.

Dazu bieten die Autorinnen zahlreiche Meditationstechniken und langjährige Erfahrungen. So können Sie erlernen, intuitiv mit Ihrem Baby zu kommunizieren. Sie werden ein tiefes Vertrauen in Ihre innere Stimme entwickeln und einen direkten Draht zum Ungeborenen erhalten.

Sie erfahren, wie es Ihrem Baby geht und was es von Ihnen möchte. Zudem werden Sie viele weitere Hinweise und Anregungen übermittelt bekommen, so dass Sie von Anfang an Ihre Wünsche mit denen Ihres ungeborenen Kindes harmonisch vereinen können. Nutzen Sie diese unwiederbringliche besondere Zeit Ihrer Schwangerschaft. Sie werden eine noch engere seelische Verbindung zu Ihrem geliebten Baby aufbauen, die auch nach der Geburt weiterhin bestehen bleiben wird. Dieses Buch mit seinen vielen Mentalübungen und Fallbeispielen wird Ihnen dabei eine große Hilfestellung sein.

In vier Wochen zum besseren Job
Durch zeitgemäße Bewerbungsstrategien schneller zum Erfolg
ISBN 978-3-9815711-0-3

Jobsuchende müssen heute moderne Informationstechniken beherrschen, um zu erfahren, wie, wann und wo die besten Positionen zu besetzen sind. Viele Vakanzen werden heute nicht mehr als Stellenanzeige öffentlich ausgeschrieben. Selbst die Form sich initiativ zu bewerben, stößt bei vielen Arbeitgebern immer öfter auf Ablehnung. Neue Strategien sind vonnöten. Zugleich sind die in Unternehmen heute üblichen rationalisierten Betriebsabläufe zu berücksichtigen. Es wird in der Hauptsache telefoniert, gemailt und persönlich gesprochen. Dabei werden von Bewerbern aussagekräftige Informationen erwartet.

Dieses Buch bietet Ihnen zu alledem eine detaillierte Anleitung. Von der Ausarbeitung einer eigenen „Beruflichen Botschaft", über innovative Recherche- und Bewerbungstechniken, bis hin zur erfolgreichen Bewältigung von Vorstellungsgesprächen.

Sie werden mehr Vakanzen ausfindig machen, gekonnt mit den richtigen Ansprechpartnern kommunizieren und schneller attraktivere Zusagen erhalten. Auf diese Weise ist es möglich, in nur wenigen Wochen einen besseren Job zu finden.